竹島紀事

죽도기사 3-1

竹島紀事

죽도기사 3-1

권오엽 | 오오니시 토시테루 편역주

KSI 한국학술정보[주]

竹嶋記事

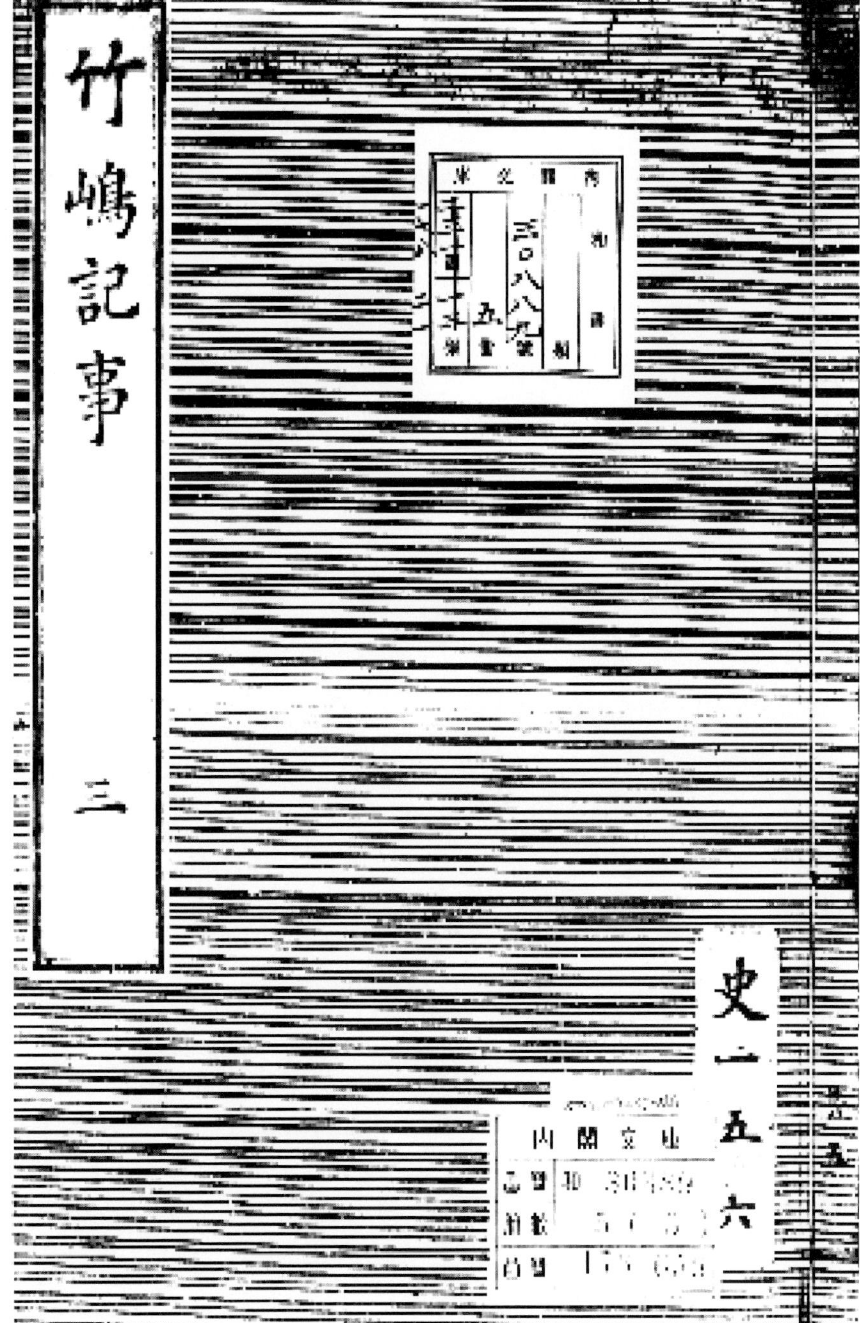

三

竹島記事

三

목차

일러두기

1. 본 『죽도기사』는 국립공문서관내각문고 화30889, 함호 178-659를 저본으로 했음.
1. 본서의 번각문은 죽도문제연구회의 『죽도문제관조사연구』를 참고로 하여 오오니시 토시테루와 권오엽이 확인 검토하여 일부는 수정하였음.
1. 본서의 현대일본어역과 주는 오오니시 토시테루의 작업임.
1. 본서의 「죽도」가 「울릉도」를 의미할 경우는 「울릉도」를 병기하지 않는 것을 원칙으로 함. 또 본문 중의 「일한」이나 「한일」, 「일조」, 「조일」 등의 표현은 일본과 조선(한국)의 관계를 설명하기 위한 표현일 뿐, 우선권을 인정하는 것은 아님.
1. 고문서와 번각문과 현대일본어를 병기하는 것은 이역이나 보다 좋은 해석이 나올 수 있는 경우를 상정한 구성임.
1. 일본어 표기는 원음에 가까운 표기를 위하여 일반적으로 생략하는 장음 「이 · 우 · 오」를 살려 「東京」은 「토우쿄우」로, 「大阪」은 「오오사카」로, 「京都」은 「쿄우토」로 표기하기로 한다.
1. 「か·き·く·け·こ」는 「카·키·쿠·케·코」로, 「た·ち·つ·て·と」는 「타·치·쓰·테·토」로, 「しゃ·しゅ·しょ」는 「샤·슈·쇼」로, 「ちゃ·ちゅ·ちょ」는 「챠·츄·쵸」로 표기한다.

凡例

1. 本『竹嶋記事』は国立公文書館内閣文庫、和화30889、函号 178-659を底本にした。
1. 本書の飜刻文は竹島問題研究会の『竹島問題に関する調査研究』を参考にして大西俊輝と権五曄が確認検討して、一部は修正した。
1. 本書の現代日本語訳と註は大西俊輝が作業した。
1. 「竹島」が『欝陵島」をも意味する場合は「欝陵島」は併記しないことを原則とした。また本文中の「日韓」や「韓日」、「日朝」、「朝日」などの表現は両国の表記で、前後に優先権を置くことではない。
1. 古文書と翻刻文と現代日本語を併記することは異訳やより良い解釈が出てくる可能性を想定した構成である。
1. 日本語の韓国語表記は原音に近い表記を期待して一般的に省略する長音「い・う・お」を生かして「東京」は「토우쿄우」に、「大阪」は「오오사카」に,「京都」は「쿄우토」に表記することにした。
1. 「か·き·く·け·こ」は「카·키·쿠·케·코」に、「た·ち·つ·て·と」は「타·치·쓰·테·토」に,「しゃ·しゅ·しょ」は「샤·슈·쇼」に,「ちゃ·ちゅ·ちょ」は「챠·츄·쵸」に表記する。

서

나이토우 세이츄우

1696(겐로쿠 9)년 1월에 막부가 일본인의 죽도/울릉도 도해금지를 전달하는 일이 되어 일본과 조선 간에 다투었던 영토분쟁은 일단 종결짓는 일이 된다. 다만 문장의 문언을 둘러싼 대립은 그 후에도 계속되어 다시 3년이 지난 1696년이 되어, 일본 측도 「죽도일건이 남은 문제 없이 끝났다(竹島之一件無残相済)」라는 것으로 해서 종결된다.

그것은 일본과 조선이 부산의 화관(왜관)을 무대로 해서 죽도/울릉도를 둘러싼 영유권을 다툰 영토분쟁이었다. 한국에서는 「울릉도쟁계」라고 부르고 있으나 일본에서는 「죽도일건」이라고 부르고 있다. 「울릉도쟁계」라고 말하면 울릉도를 둘러싼 영토분쟁이었던 것을 알 수 있으나 일본처럼 「죽도일건」이라고 하면 어떤 일인지 알 수 없게 된다.

따라서 이 문제에 대한 일본 정부의 견해는 애매한 것이 되고 만다. 2008년 2월에 일본 외무성이 발행한 「죽도–죽도문제를 이해하기 위한 10포인트」 안에서는 「쓰시마의 보고를 받은 막부는 1696년 1월에 조선과의 우호관계를 존중하여, 일본인의 울릉도의 도항을 금지하는 것을 결정」했다는 것만을 기록하고 있다.

그러나 이것으로는 「죽도일건」이 어떤 일이었는지 알 수 없다. 원래 울릉도를 죽도라고 부르며, 일본령의 섬이므로 조선인의 도항은 금지시키도록 하라고 조선 측에 요구한 것으로 시작된 사건이었다. 이런 요구를 받은 조선에서는 죽도란 조선의 울릉도라고 주장하며 대립하여 3년에 걸쳐 논쟁한 결과 일본 측이 죽도를 조선령의 울릉도라는 사실을 인정하고, 일본인의 도항을 금지한다고 하는 정반대의 결과를 가지고 끝난 사건이다.

그러한 사정이 있는 만큼 일본 정부가 말하는 것처럼 「조선과의 우호관계를 존중해서」라는 결과만으로 이 사건을 보아서는 안 되는 것으로, 3년간에 걸친 양국 간에 주고받았던 문서를 숙독하여, 그 본질을 이해할 필요가 있다.

본서가 양국 공통의 현안으로 되어 있는 문제에 대한 기본적 문헌이다. 본서에서는 원문을 근거로 해서 현대 일본어와 현대 한국어로 번역하고 있어 양국민이 이 문제를 공유할 수 있도록 배려하고 있다. 덧붙여 인명이나 여타에 상세한 주기를 붙여 독자의 이해를 돕고 있다.

전 5권의 대저 『죽도기사』가 이러한 모습으로 우리들이 참고할 수 있게 된 것은 권오엽, 오오니시 토시테루 두 분이 각별히 진력한 덕택이다. 두 분이 노고를 다한 결과이다. 그런 만큼 본서가 많은 사람에게 읽혀 외교안건의 본질이 이해되기를 기대한다.

2011년 11월 유가와라에서

序

内藤正中

1696(元禄9)年一月、幕府が日本人の竹島(鬱陵島)渡海禁止を達することになって、日本と朝鮮との間で争われていた領土紛争は一応決着を付ることになる。ただし、文章の文言をめぐる対立はその後もつづき、さらに3年を経た1699年になって、日本側も「竹島之一件無残相済」として終結する。

それは、日本と朝鮮国とが、釜山の和館を舞台にして、竹島(鬱陵島)をめぐる領有権を争った領土紛争であった。韓国では「鬱陵島争界」と呼んでいるが、日本では「竹島一件」と呼んでいる。「鬱陵島争界」といえば鬱陵島をめぐる領土紛争であったことがわかるが、日本のように「竹島一件」というのであれば何のことやらわからなくなる。

したがって、この問題に対する日本政府の見解はアイマイなものにされてしまう。2008年二月に日本外務省が発行した「竹島—竹島問題を理解するための10のポイント」のなかでは「対馬藩より報告を受けた幕府は、1696年1月、朝鮮との友好関係を尊重して、日本人の鬱陵島の渡航は禁止することを決定」したとだけ記している。

しかしこれでは「竹島一件」が何であったかはわからない。もともと鬱陵島を竹島と呼んで、日本領の島であったから朝鮮人の渡航は禁止するようにと、朝鮮側に申し入れたことからはじまった外交事件であった。これを受けた朝鮮側では、竹島とは朝鮮の鬱陵島であると主張して対立し、3年にわたる論争の結果、日本側が竹島を朝鮮領の欝陵島であると認めて、日本人の渡航を禁止するという正反対の結果をもって終った案件である。

それだけに、日本政府外務省がいっているように「朝鮮との友好関係を尊重して」という結果からだけ、この外交案件をみてはならないのであり、3年間にわたる両国間での文書のやりとりを熟読してその本質を理解する必要がある。

本書が両国共通の懸案になっている問題についての基本的文献である。本書では原文をもとにして、現代日本語と現代コリア語に翻訳してあり、両国民がこの問題を共有できるように配慮されている。加えて人名その他には詳細な注記がつけられており、読者の理解を助ける工夫をしてある。

全五巻の大著『竹島紀事』がこうしたかたちで私たちが手にすることができるのも、権五曉、大西俊輝両氏による格別の御尽力の賜である。両氏の御苦労を多とするものである。それだけに、本書が多くの人に読まれ、外交案件の本質を理解されることを期待する。

2011年 11月 湯河原にて

나이토우 선생님

권오엽

나는 독도문제에 관심이 없었다. 어려운 문제이고 귀찮은 문제, 논쟁에 휘말릴 수 밖에 없는 문제라고 생각하여, 될 수 있으면 피하고 싶었다. 그런데 어느 날 갑자기 전공이 무료했던지 충동적으로 자료를 구입하여 읽기 시작했다. 나이토우 선생님의 "죽도를 둘러싼 일조관계사"가 두 번째로 읽은 책이었다. 그 전에 이미 한 권을 읽었기 때문에 이해하기 쉬웠으나 그곳의 인용문은 사전을 가지고도 해독할 수 없었다. 자존심이 많이 상했다.

일본인 교수의 도움을 받아 해독하게 된 나는, 그것을 교재로 삼아 학생들과 같이 정독하기로 했다. 17세기의 문장도 연습하고, 학생들의 독도인식도 확인할 수 있다고 생각했기 때문이다. 우리는 내용이 객관적이라는 것을 알고 번역출판을 계획했는데 다행히 선생님도 동의해 주셨다.

독도문제가 발생할 때마다, 우리 언론들은 「일본의 노학자도 우리의 영유권을 인정했다」라는 식의 기사를 쏟아내는데 그분이 나이토우 선생님이셨다. 나는 번역 출판 과정을 통해 자료를 객관적으로 읽으시는 분이다 라고 감탄했었으나 그토록 유명한 분인 줄은 몰랐다.

출판을 기념하여 선생님의 강연회를 열었는데 독도전문가들이 충남대학교에 모여들었다. 초대도 안 했는데 소문을 듣고 많은 전문가들이 찾아온 것이다. 강연회가 끝난 후 선생님은 나에게 약간의 미화를 주셨다. 사양하고 싶었으나 그러지 못했다. 잘한 일이었는지 실수

였는지는 지금도 판단이 서지 않는다. 그 후로 나는 선생님을 자주 찾아 뵙고 배운다.

태평양이 평화롭게 내려다 보이는 온천지의 숙소를 방문할 때마다 웃으시며 손을 잡아주신다. 쇠약해지셨다는 말씀을 하시지만 손에는 힘이 넘치고 말씀에는 기력이 충만하다. 돌아올 때는 선생님의 말씀에 의거해서 새로운 문제를 생각하곤 한다.

본 『죽도기사』의 원본은 돗토리시립도서관을 통해서 구입했으나 해독할 수 없었다. 도움을 구하며 돗토리 주변을 돌아다녔으나 헛일로 조소만 당했다. 그것이 그들의 무능에 근거하는 것이었는지 오만이었는지는 알 수 없지만 어쨌든 지금은 서툴게나마 읽을 수 있다.

2007년에 선생님을 찾아뵈었을 때 번각본을 건네 주셨다. 너무 즐거워 어떻게 귀국했는지를 모른다. 서둘러 대학원생들과 해독을 연습하며 오오니시 선생님의 협조를 받아 편역주를 시작했다. 그리고 2011년 1월에 오오니시 선생님한테 결과물을 건네 받아, 현재는 행복한 마음으로 작업을 즐기고 있다.

우리는 쉽게 '황국사관' · '제국주의사관'에 대응하여 '양심적인 학자' · '친한학파'라는 용어를 사용하는데, 나는 그런 용어를 별로 좋아하지 않는다. 그것이 객관적으로 자료를 해석하는 능력과 용기를 모독하는 일이 될 수도 있기 때문이다. 현재도 독도문제가 예민해지면 선생님 이야기가 빠짐없이 회자되는 것 같다. 선생님의 학문을 평가하는 것 같아 기쁘기도 하지만 친한 학자로 단정하는 것에는 불만을 느끼기도 한다. 선생님을 학문이 아닌 감정에 치우친 분으로 오해할 수도 있기 때문이다.

친한 학자라기 보다는 사실을 규명하려는 용기와 재능이 풍부하신 분으로 평가하는 것이 좋을 것 같다. 연구자가 국가나 국민의 정서와 다른 결과를 발표하는 데는 많은 용기를 필요로 한다. 독도의 영유권을 주장하는 국가와 다른 의견을 제시하시는 선생님에게는 많은 용기가 필요했을 것이다. 국책에 호응하는 어용학자들이 호의호식할 때, 그것을 비난하는 학자는 고문과 가정의 파탄까지도 각오해야 한다. 국가의 잘못을 지적하는 것이 애국이라고 말씀하시는 선생님을 보면, 능력과 용기로 숨결을 자아내시는 것 같아 존경스럽다.

2011년 10월에 선생님을 찾아 뵈었다. 전에 뵈었을 때보다 훨씬 밝은 표정이셨다. 기분도 좋으신 것 같아 어렵게 격려문을 부탁 드렸더니 웃기만 하셨다. 그 의미를 알지 못하고 귀국했는데 11월에 글을 보내주셔서 감동을 받고 용기를 얻었다.

본『죽도기사 3-1』은 쓰시마의 강경파인 로우의 주장이 중심을 이룬다. 막부의 명을 빙자하여 울릉도를 탈취하려는 쓰시마는 전쟁의 가능성까지 언급했다. 막부의 뜻이 애매하다는 것을 알면서도, 임진왜란을 상기시키는 방법으로 조선을 위협했다. 그 대립 측에 스야마가 있었는데, 그는 강경파들의 의견이 조선의 은혜에 반하는 일로 목적을 달성한다 해도 그것은 충성이 아니라는 주장을 했다.

강경파들의 주장은 현재의 일본의 외무성이 계승되어 있는데, 안용복을 부정하는 것으로 일본의 정통성을 확립하려는 사고이다. 현재의 일본은『숙종실록』이 전하는 안용복의 진술을 부정하는데 17세기의 일본은 안용복이 제공한 정보를 믿는 조선 조정의 인식을 부정하려 했다. 안용복의 진술에는 정확성이 결여된 부분이 있기는 하나 전체적으로 사실에 근거한다. 그런데 일본은 그 부분을 근거로 전체를 부정하려 했다. 그 논리가 현재 일본의 논리이다. 로우는 죽도에서 우리들을 붙잡아, 새끼줄로 묶어, 수인으로 만들어서, 에도에 7일째에 보낸 일이 있다. 그러나 에도에서는, 의외로, 상황이 바뀌어, 이렇게 취급해서는 안 되는데 불법을 저지르고 말았다 라며, 그들을 붙잡아 온 일본인을 [거꾸로 처벌하여] 참죄를 명했다. 우리들에게는 의복 등을 주시고, 아주 정중하게 취급하며, 물품도 주셨다. 나가사키에 송환될 때도, 가마에 태우고 좌우에서는 부채질도 해주셨다. 그러나 나가사키에서 쓰시마의 관리에게 양도된 뒤로는 [취급이 크게 변하여, 우리들의] 금은을 그들이 탈취하는 등, 심하게 취급했다. 쓰시마에 도착한 후에도, 우리들을 죄인처럼 취급했다. 에도에서 물품을 하사한 것으로 보아 장군의 생각을 추량할 수 있습니다. 에도의 생각은, 여러 가지로, 쓰시마와 크게 다릅니다. 우리들을 죄인으로 만들어, 다시 그 섬에 건너가지 못하도록 하라고 하는 요구는 쓰시마의 생각일 뿐이다. 막부의 장군에게는 그러한 생각이 없습니다. 어민들이 이렇게 말했기 때문에, 조선은 그것을 믿게 되었다. 그래서 쓰시마의 요구가, 장군의 뜻이 아니라고 믿는 것 같습니다.

라고 조선이 쓰시마를 의심하는 원인을 자신들의 사기적 행위가 아닌 안용복의 진술에서 찾으려 했다. 위의 주장이 사실과 반한다는 것은 일본 기록을 통해서도 확인된다. 그럼에도 그런 노력이 보이지를 않는다. 우리는 언제까지 이렇게 정체하고 있을 것인가.

2012년 1월 29일

우산봉자락에서 권오엽

○乙亥元禄八年六月　天龍院公江　被仰出候ハ
竹嶋一件杉原殿より留守官ニ付段々被
朝鮮江可被仰掛ニ而候得共太守様ニ而
杉村采女副官御渡被成候ニ付帰船之隔ニ
太守様御刑部之本寺利兼ニ被仰付置候所
同七月ニ至　菅ニ右在之候ニ付御延可被
差延之候様ニ　被仰出也

【大綱三六段(元禄八年六月②)】

(36-00)

○ 乙亥元禄八年六月、天竜院公被仰出候者竹島一件再度返簡不宜候付書改之儀朝鮮江可被仰掛候与之御儀ニ而大差之正官杉村采女副官幾度六右衛門都船主陶山庄右衛門封進木寺利兵衛被仰付置候所同七月ニ至思召之旨在之候付渡海可被差延与之儀被仰出也

【大綱三六段(元禄八年六月②)】

(36-00)

○ 乙亥年(元禄八年)六月、天竜院公(宗義真)は、竹島一件における再度の返簡は[決して]宜しくない。[何としても]書き改めを朝鮮に申し掛けなければならないと、そのようにお話しなさった。そこで再度[第三次交渉の]使者を派遣することにすると、そのような御意向をお示しになった。既に[この五月、陶山庄右衛門らが渡海したが、交渉は不調に終わり、六月十七日、一行は対馬府中に戻っている。新たな使者は]大差の正官として杉村采女、副官は幾度六右衛門、都船主は陶山庄右衛門、封進は木寺利兵衛である。彼らに[再度の渡海の準備を]お命じになっておられた。だが、そのような折、同年の七月に入り、お考え直しになられる事があり、一行の渡海を延期すると、そのような旨のお達しをなさった。

【대강 36단(원록 8년 6월 ②)】

(36-00)

○ 을해년(겐로쿠 8년) 6월에 텐류우인 공(소우 요시자네)은 죽도 일건에 있어서, 두 번째의 반간은 [결코] 좋지 않다. [어떻게 해서라도] 개서를 조선에 요구하지 않으면 안 된다고, 그렇게 말씀하셨다. 그래서 다시 [제3차 교섭의] 사자를 파견하는 것으로 한다며, 그러한 의향을 나타내셨다. 이미 [5월에 스야마 쇼우에몬 등이 도해하였으나 교섭은 좋지 않게 끝나 6월 17일에 일행은 쓰시마 후츄우로 돌아와 있었다. 새로운 사자는] 대차의 정관으로 스기무라 우네메, 부관으로는 키도 로쿠에몬, 도선주로는 스야마 쇼우에몬, 봉진으로는 키데라 리베에이다. 그들에게 [다시 도해할 준비]를 명하셨다. 그러나 그러할 때, 동년 7월이 되자 생각을 바꾸시는 일이 있어 일행의 도해를 연기한다고 그런 내용을 통달하셨다.

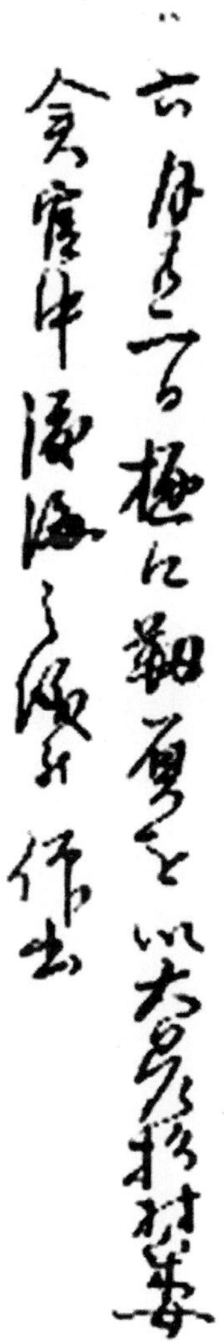

(36-01)

〃六月廿二日樋口靭負を以大差杉村采女僉官中渡海之儀被仰出

(36-01)

〃六月二十二日[天竜院公は]を以て、大差の役を杉村采女に、お命じになられた。僉官(副官、都船主、封進たち)を率い[再度の]渡海を果たすようにと、そのような御命令であった。

(36-01)

〃6월 22일에 [텐류우인 공은] 히구치 유키에를 통해 대차의 역할을 스기무라 우네메에게 명하셨다. 첨관(부관, 도선주, 봉진 등)을 이끌고 [다시] 도해하도록 하라고 하는 그러한 명령이 있었다.

〃 內依業河西盡去乎之文書段大樣七年限[illegible]待

[illegible]本六年[illegible]分衿書職宮[illegible]無詞[illegible]相[illegible]遣[illegible]仰[illegible]

是置女人[illegible]女人家女〃相[illegible]可[illegible][illegible]徵[illegible][illegible]

(36-02)

〃御佑筆河内益右衛門真文書役大塔七左衛門附人侍鈴木六左衛門外科妻瀬雪斎 通詞橋辺半五郎并足軽五人田舎給人五人采女[江]相付可被差渡之旨被仰出

(36-02)

〃御佑筆に河内益右衛門を、真文書役に大塔七左衛門を、附人侍に鈴木六左衛門を、外科医師に妻瀬雪斎を、通詞に橋辺半五郎を、ならびに足軽五人そして田舎給人五人、この者たちを杉村采女に附け、そして朝鮮への渡海の準備を進めるよう、お命じになられた。

(36-02)

〃문서의 작성과 집필을 맡는 유우히쓰에 카와치 마스에몬을, 한문 서역에 다이토우 시치자에몬을, 쓰키비토사무라이에 스즈키로쿠자에몬을, 외과의에 쓰마세 셋사이를, 통사에 와타나베 한고로우를, 그리고 아시가루 5인과 이나카 급인 5인, 이들을 스기무라 우네메에게 딸려서 조선에 도해할 준비를 하도록 하라고 명하셨다.

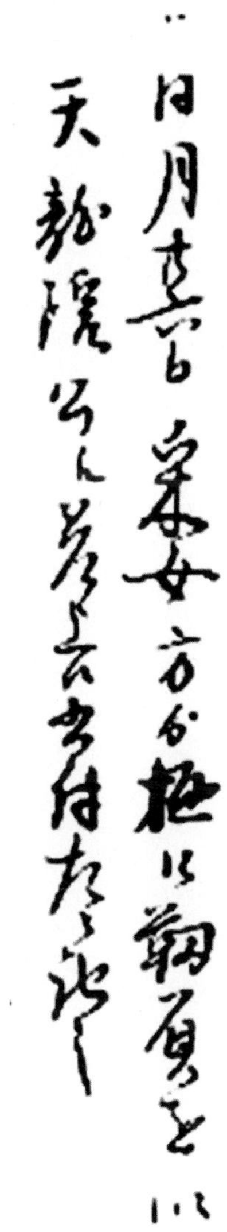

(36-03)

〃同月廿六日采女方より樋口靭負を以天竜院公江差上候書付左ニ記之

(36-03)

〃同月(六月)二十六日、杉村采女から樋口靭負を以て天竜院公へ差し上げた書付がある。それを左に記す。

(36-03)

〃동월(6월) 26일에 스기무라 우네메가 히구치 유키에를 보내 텐류우인 공에게 바친 서부가 있다. 그것을 아래에 기록한다.

一 朝鮮之儀者御後四年之際会当律及
務道東之御相隆を以彼方ニ報得ル握之
心を悲しレ入りて定る宜く朝修好之留
路り申こる可直ニ唯を甚ニ路々第一彼方
妻る所之鎮得ん之を是付を以て可申入之松
御海之毋口令返阿不心を尽し此一件之

一　私朝鮮ニ罷渡候後御用之儀僉官中及橋辺半五郎相談を以彼方被致得心候様ニ心を尽し申入候ハヽ定而宜く被聞届御返簡改り申ニ而可有御座与奉存候　万一彼方決而不被致得心候ハヽ書付を以可申入者私渡海之節より只今迄随分心を尽し此一件之

一 私が朝鮮に渡るようになれば、その後、御用の事は僉官中(使者一同)および橋辺半五郎に相談を致し、朝鮮方も納得するよう心を尽し、申し入れを致したいと考えております。それゆえ、おそらく朝鮮からは、宜しいようにお聞き届けがあり、御返簡[の文言]に改変があり、それが罷り下ってくるものと思っております。万一にも、あちらが決して得心なさらないようであれば、書付を以て申し入れようと思っております。その書付には[以下のような事を申し述べようと思っております。すなわち]私は[今回]渡海した時から只今まで、随分と心を尽し、この一件の

1. 제가 조선에 건너가게 되면 그 후에는, 용건은 첨관들(사자 일동)이나 하시베 한고로우와 상담하여 조선 측도 납득하도록 최선을 다하여 요구하고 싶다고 생각하고 있습니다. 그렇기 때문에 아마도 조선에서는 좋은 답이 있어, 반간[의 문언]으로 개변되어, 그것이 내려질 것으로 생각하고 있습니다. 만일에 저쪽이 끝까지 이해하지 못할 것 같으면 서부로 요구하려고 생각하고 있습니다. 그 서부에는 [이하와 같은 것을 이야기하려고 생각하고 있습니다. 즉] 저는 [이번에] 도해했을 때부터 지금까지 충분히 마음을 다하여 이 일건의

儀を段々申上候處御得心承知仕候ニ付而ハ
難有存之委細御申含被成右樣御座候
先達來度々樣子被仰聞候ニ付入候處
御返答之委細ニ承知被成候事故委敷ニ
承右之事難申上旨趣を御聞届被成下候樣ニ
御證文取入候之申候得共一旦延引ニも不
承仕合之處ニ成候て又其後ハ被成

儀を段々申上候得共御得心不被成候書付ニ而ハ私所存を委細ニ御聞届不被成尤接慰官東萊府使江接待之節段々与申入候得共御注進を委細ニ不被成与奉存候然者京都江被召寄私申上候趣を御聞被遊被下候様ニ御注進頼入候与申候而も其返答も不被仕不首尾ニ成行候ハヽ又書付を以使者

事について色々と申し上げて参りました。しかし御得心には成られませんでした。書付によって私の思う所を委細に[申し上げましたが、それも]御聞き届けに成られませんでした。尤も接慰官や東萊府使へ、接待そして会談の節に、色々と申し入れを行って参りました。だが[結局、都表へは]委細を御注進に成られぬままでございました。そうであるならば[この私を]京都へ御召し寄せ頂ければ、そこで私が[直接に朝廷へ]申し上げますと、そのような趣旨をも申し入れ、御聞き入れ下さるようにと、御注進を頼み入れるつもりです。しかし、このような要望に対しても御返答は無く不首尾という成り行きに至れば[交渉は破綻です。朝廷へ送付するべき]書付を[渡す事なく]使者が[そのまま持ち]

내용에 대해 여러 가지로 말씀드려 왔습니다. 그러나 뜻을 이루지는 못하였습니다. 서부로 저의 생각하는 것을 자세히 [말씀드렸습니다만 그래도] 승낙을 받을 수 없었습니다. 원래 접위관이나 동래부사에게 접대 그리고 회담할 때 여러 가지를 요구하였습니다. 그러나 [결국 도성에는] 자세한 것을 주진하시지 않은 채로 계셨습니다. 그러시다면 [이 저를] 경도(한양)로 불러주시면 그곳에서 제가 [직접 조정에] 말씀드리겠습니다 라고, 그와 같은 취지를 말씀드려 허가하여 주시도록 주진을 부탁할 생각입니다. 그러나 이러한 요망에 대해서도 답을 주지 않는 좋지 않은 상황이 되면 [교섭은 파탄입니다. 조정에 송부해야 하는] 서부를 [건네는 일 없이] 사자가 [그대로 가지고]

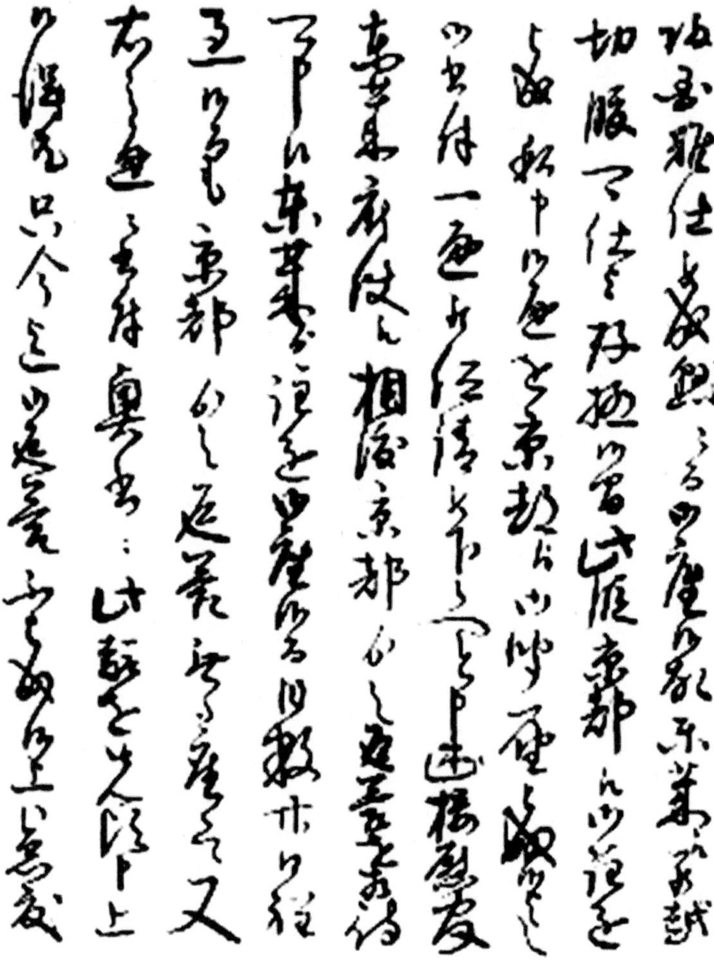

帰国難仕被成懸ニ而御座候故東莱江罷越切腹可仕与存極候間此段京都江御注進被成私申候通を京都江御聞届被成候与之御書付一通被仰請被下候へと申述接慰官東莱府使江相渡京都より之返答を相待可申候東莱より注進御座候而日数廿日程過候而も京都より之返答無御座候ハヽ又右之通ニ書付奥書ニ此趣を先頃申上候得共只今迄御返答不被成候上ハ急度

帰国をするような事など、あってはならない事です。[引っ込みの付かない]立ち往生の経過と成ってしまいます。そうなれば東莱へ罷り越し、そこで切腹をするしか他に方法は無いとなります。そのような[切腹の]決意を示せば[あちらは大変な事になると]京都(京城)へ向け御注進に成られ、私が申す通りを京都へ[転達する事になると思います。朝廷方が]お聞き届けに成られるように、そのような御書付を一通、お請けして下さいと[私から]申し述べ[決意の書付を]接慰官と東莱府使へ、お渡し致します。京都からの返答を[今暫く]待つ形となります。東莱から[京へ向けての]注進がございます。その日数が二十日ほど過ぎても、なお京都からの御返答が無ければ、また右の通りに[再び]書付を提出し、その奥書に[以下のような文言を書き加えるつもりです。すなわち]この書付の趣意を、先頃申し上げて置きました。だがなお只今まで御返答がございません。こうなった上は、もはや

귀국하는 것과 같은 일 등이 있어서는 안 되는 일입니다. [물러설 수가 없는] 진퇴유곡의 경과가 되고 맙니다. 그렇게 되면 동래로 넘어가 그곳에서 할복하는 것 외에 방법이 없게 되고 맙니다. 그처럼 [할복의] 결의를 보이면 [저쪽은 큰일이라며] 경도(한양)에 주진하여, 제가 요구하는 대로 경도에 [전달하는 일이 될 것으로 생각합니다. 조정 측이] 승낙할 수 있도록 그러한 서부를 1통 접수하여 주세요 라고 [제가] 이야기하여 [결의의 서부를] 접위관과 동래부사에게 건네겠습니다. 경도의 반답을 [얼마 동안] 기다리는 형태가 됩니다. 동래에서 [경도에] 주진해야 합니다. 그 일수가 20일 정도 지나도 여전히 경도에서 반답이 없으면 또 위와 같이 [다시] 서부를 제출하여, 그 오쿠가기(진심을 권말에 기록한 것)에 [이하와 같은 문언을 기록하여 더할 생각입니다. 즉] 이 서부의 취지를 앞서 말씀드려 두었습니다. 그러나 아직까지 반답이 없습니다. 이렇게 된 이상 이제는

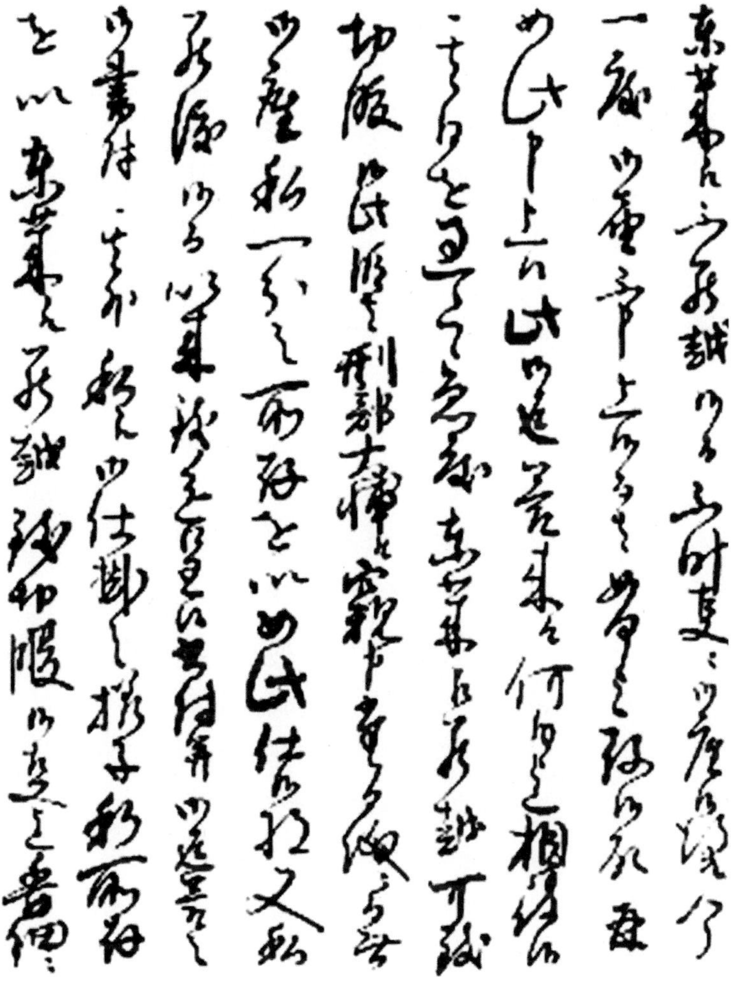

東莱江不罷越候而不叶事ニ御座候得共今一度御届不申上候而者如何与存候故再如此申上候此御返答来ル何日迄相待候其日を過候ハヽ急度東莱江罷越可致切腹候此段者刑部大輔江窺申たる儀ニ而無御座私一分之所存を以如此仕候将又私罷渡候而以来　致進呈候書付并御返答之御書付其外私江御仕掛之様子私所存を以東莱江罷越 致切腹候事迄委細ニ

東莱へ罷り越し[切腹して果てるしか他に方法はありません。御返答が下る事は]叶わぬ事でございましょう。しかし今一度、御届けを申し上げなくては如何かと思い、再び、このような[書付を提出致し]申し上げます。この御返答については、来たる何日迄は待つ心づもりではありますが、その日を過ぎれば、必ずや東莱へ罷り越し、切腹を致す所存でございます。これは刑部大輔(宗義真)へ伺いを立て[許しを得]た事ではございませんが、私の一身の面目による覚悟でございます。なおまた、私が[朝鮮に]罷り渡って以来、進呈を致した書付、その返答の御書付、その外、私への御仕掛けの様子、私の所存を以て東莱へ罷り越し切腹致そうとする事まで、その委細を

동래에 넘어가 [할복할 수밖에 다른 방법이 없습니다. 반답이 내려오는 것은] 이루어질 수 없는 일이겠지요. 그러나 지금 다시 한 번, 요구를 하지 않으면 안 된다고 생각하고, 다시 이렇게 [서부를 제출하여] 말씀드립니다. 이 반답에 대해서는 오는 며칠까지는 기다릴 생각입니다만, 그날이 지나면 반드시 동래에 넘어가 할복할 생각입니다. 이것은 교우부 타유우(소우 요시자네)에 여쭈어 [허가받은] 일은 아닙니다만, 저 일신의 체면에 따른 각오입니다. 그리고 또 제가 [조선에] 건너온 이래로 바친 서부, 그 반답의 서부, 그 외에 제가 처한 상황, 저의 생각으로 동래에 가서 할복하려고 하는 일까지 그 자세한 것을

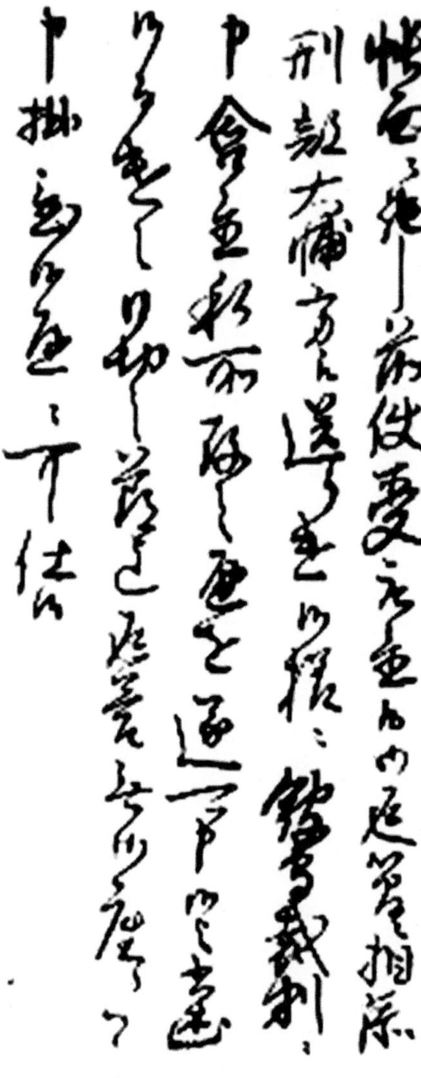

帳面ニ記し前使受取置候御返簡ニ相添刑部大輔方江送り遣候様ニ館守裁判ニ申含置私所存之通を遂可申候与書述候而遣之日切之節迄返答無御座候ハヽ申掛置候通ニ可仕候

帳面に記して置きました。これを前使[多田与左衛門]が受け取り置いた御返簡に添え、刑部大輔(宗義真)方へ送達するよう、館守や裁判に申し含め置きました。[そちらから御返答が無ければ]私の所存の通り[東莱へ罷り越し、切腹を]遂げるつもりでございますと、このような文言を書き述べ、伝えて置くことに致します。[もしも]日限が切れ、返答が無ければ、申し掛け置いた通りに[私は切腹を]実行致します。

장부에 기록해 두었습니다. 이것을 전의 사자 [타다 요자에몬]이 받아 두었던 반답에 덧붙여 교우부 타유우(소우 요시자네) 쪽에 송달하도록 관수나 재판에게 말해 두었습니다. [그쪽에서 반답이 없으면] 저의 생각대로 [동래로 넘어가 할복]을 할 생각입니다 라고, 이러한 문언을 기록하여 전해두기로 하겠습니다. [만일에] 기한이 지나 반답이 없으면 말씀드린 대로 [저는 할복을] 실행합니다.

一 此役者會安中 切腹被仰付候ニ付而者最初ニ
申候ハゝ此所ハ要害之大事之所ニ而御座候間
乗船之儀者自由不罷成 公儀江御案内之
上ニ而致参上候筈ニ候處ニ可被仰候由
然上支も可有之候處 其様ニ候ハゝ
公儀江御案内可有之事ニ候

一、御使者僉官中切腹之儀書付を以京都[江]申断[リ]候段ハ両国御大事之始[ニ]而御座候間飛船を以奉伺其趣　公儀[江]御案内を御遂被成御差図を御受可被成儀与被思召上事も可有御座哉与奉存候得共私[ニ]ハ其節之御案内宜[ケル]間敷与奉存候其故ハ

一、御使者および僉官中(使者一同)が切腹する事を、書付を以て京都へ申し入れ[その上で]掛け合う事は[もし、ことが破れれば]両国の大事に到る事でございます。そのような始まりになるので、飛船を以て、その趣旨を[私は]お伺い致します。[その場合、事情を]公儀へ御報告なさり、その御差図をお受けに成られるべきと、お考えになられる事でございましょう。しかし私には、その折の[公儀への]御報告は宜しくないと存じます。その理由について申し述べれば、

1, 사자 및 첨관들(사자 일동)이 할복할 것을 서부로 경도에 의사를 표하고 [그런 후에] 담판하는 것은 [만일 일이 깨지면] 양국의 큰일이 되는 일입니다. 그러한 시작이므로 비선을 보내 이런 취지를 [저는] 여쭙니다. [그럴 경우 사정을] 장군에게 보고하시어, 그 지시를 받아야 한다고 생각하시는 일이겠지요. 그러나 저는 그때에 [장군에게] 보고하는 것은 좋지 않다고 생각합니다. 그 이유에 대해서 말씀 드리자면

私共某方ゟ被仰候ハヽ可進置候寄方を
帳面ニ記し奥書ニ書付中挿候儀
言承候以前之写書を不差支様
其節被仰候ハヽ委細ニ相押印帳面を
三年程兵船三艘ニ乗り居候而仕候
其節候ハヽ直写を差支候儀ニ相済候
私被仰渡候ハヽ直写を差上候置写

私東莱ニ而致切腹候而逗留之次第を帳面ニ記し奥書ニ此通迄申掛候得共彼方不被致得心候故御差図を不受東莱江罷越致切腹候与書付印判を押其帳面を三通り認飛船三座ニ差上候様ニ可仕候尤前使御返簡を受取館守ニ相渡置私致渡海候而彼御返簡并前使問答之

私は東莱にて切腹を致すつもりで、この逗留の次第を[委細に]帳面に記し置き、また奥書にも記して、この通りの事を[あちらに]申し掛けます。しかし[結局]あちらは得心なさらないという事になって[その時、公儀の命を受けた使者として、その御役目を果たすことができず、面目を失い、切羽詰まった形となって]御差図を受けぬまま、東莱へ罷り越し、切腹を致すという事になるからでございます。[すなわち切腹して始めて公儀へ御報告となります。] そのような[事情の中で、子細を記した]書付に[私は]印判を押し、其の帳面を三通りに[分けて]したため置き、それを飛船三座に[分置し、帳面の紛失を防ぎ、本国へ]差し上げるつもりです。そもそも前使[の多田与左衛門殿]が受け取り、館守に渡し置いていた御返簡と、あちらと前使との[細かな]問答の

저는 동래에서 할복할 생각으로, 이 두류 자체를 [자세히] 장부에 기록하여 두고 또 오쿠가키에도 기록하여 있는 그대로를 [저쪽에] 이야기했습니다. 그러나 [결국] 저쪽은 이해할 수 없다는 일이 되어 [그때, 장군의 명을 받은 사자로서, 그 역할을 수행하지 못하여 체면을 잃고 궁지에 빠진 꼴이 되어] 지시를 받지 않은 채 동래로 넘어가 할복을 하는 일이 되기 때문입니다. [즉 할복한 후에 비로소 장군에게 보고하게 됩니다.] 그와 같은 [사정이므로 자세한 것을 기록한] 서부에

[저는] 인판을 찍어 그 장부를 세 통으로 [나누어] 기록하여 두고, 그것을 비선 3좌에 [분치하여, 장부의 분실을 예방하여, 본국에] 바칠 생각입니다. 원래 전사자 [타다 요자에몬 님이] 받아서 관수에 건네 두었던 반간과 저쪽과 전사자가 문답한[자세한]

出仕之初右之人々御頼出来其上ニ而極ヒ
前後ニ心を用ひ存候處彼是相整
御隠居様ト申上候を無御座由
下々の存之相違を其ニ　公儀ニおゐて
候所以御用ニ付御書被成初ニ
御家老ニ而御出来を見候ニ而無事
御座候御手前様を　公儀ニ
申上も思召候に思召御以朝鮮
無躰之御腰出来候　御隠居様御指揮を
御出生後ニ而御付候而至迄御掛ケ可申

書付迄初而見申候段書述其上ニ而私茂前使之心与同前ニ存候故彼返簡之趣を　御隠居様江不申上候段を委細ニ書付置可申候右之帳面を直ニ　公儀江被差出候ハヽ譬此御用被仰蒙候初ニ　　公儀江御窺被成候所を御窺不被成与被思召上候とも御国江之御咎ハ無御座只朝鮮之無礼を御腹立被遊御隠居様を御直使ニ被仰付段々与被仰掛ニ而可有

書付までを、私は[今回]渡海を致して後、初めて見るということになります。この[前使の努力の]事を[この際、この帳面に]書き述べて置きます。その上での事でございますが、私も前使の心掛けと同様の心掛けを持って[なお]この件に携わって参る所存です。それゆえ、あちらからの返翰の趣旨を[ここで記し、これまで]御隠居様へ申し上げていなかった様々な事までも[含め、この帳面に]委細に書き付けて置く事に致します。右の帳面を[私が切腹を遂げた後]直ちに公儀へ差し出されたならば、たとえ、この御用を命じられた当初、公儀へ[朝鮮との交渉のため、本来ならば]確認をしなければならなかった所を[註1]そのような確認をしなかったと[たとえ御隠居様が反省を込めて]お思いになられようと、御国(対馬)への御咎めはございません。[おそらく公儀は]ただ朝鮮の無礼[なふるまい]に立腹し、御隠居様を御直使に命じられることでございましょう。そうなれば、あちらに[その旨を]色々と申し入れる

서부조차도 저는 [이번에] 도해한 후에 처음으로 보게 되었다는 것입니다. 이 [전 사자가 노력한] 것을 [이번에 이 장부에] 기록하여 둡니다. 그런 후의 일입니다만 저도 전 사자의 마음가짐과 같은 마음을 가지고 [더욱] 이 건에 관계하여 가려고 생각합니다. 그렇기 때문에,

저쪽이 보낸 서한의 취지를 [여기에 기록하여, 지금까지] 은거하신 분에게 말씀드리지 않았던 여러 가지 일도 [포함하여 이 장부에] 자세히 기록하여 두는 것으로 합니다. 위의 장부를 [제가 할복한 후에] 즉시 장군에게 제출하시면, 가령 이 용건을 명하신 당초에, 장군에게 [조선과의 교섭을 위해, 본래라면] 확인하지 않으면 안 되었던 것을, 그러한 확인을 하지 않았다고 [설령 은거하신 분이 반성하는 마음을 가지고] 생각하시라고, 나라(쓰시마)를 책망하는 일은 없을 것입니다. [아마도 장군은] 그저 조선의 무례[한 행동]에 화를 내어, 은거하신 분을 어직사로 명하시는 일이 되겠지요. 그렇게 되면 저쪽에 [그 뜻을] 여러 가지로 요구하는

此段ハ朝鮮ニても承知可有之事、
此度ハ為 御意ニも此ゆへ申上候者
今度申候切候ハ代りニ其御接慰官
東萊府使及訓導別差稀ニ而も
不事ニ相滞り可申と存候ハ、其後ニ朝鮮
表ニ而ハ後悔對馬守儀ヲ心を盡し申候
儀を能候ての事ニ候得共、殊ニ成り据へ候付
不存候由ニ而心入も改り可申ものと存候由
候者今度接官中切短ニ仕ざる、朝鮮ニ而

御座候朝鮮ニ者無礼之誤り有之事ニ御座候間幾重ニも御断り被申上使者僉官中致切腹候代りニ者其節之接慰官東莱府使及訓導別差斬罪ニ被行両国無事ニ相済可申与奉存候其後者朝鮮甚被致後悔対馬より段々与心を尽し申候儀を偽とのミ心得国之恥ニ成候様ニ仕候与被存御国江之心入も改り可申与奉存候若使者僉官中之切腹不仕前ニ 朝鮮江遺候

事にもなるでしょう。朝鮮には無礼の誤りが有りますから、幾重にもお詫びをすることになります。こちらの使者役官の一行が切腹した代償に、その折の接慰官や東莱府使および訓導や別差に、斬罪が執行されることになりましょう。これによって両国[は手打ちとなり、以後]無事に経過する事になると存じます。その後、朝鮮は甚だしく後悔を致し、対馬が[これまで]色々と心を尽して言って来た事を、偽りとばかり考え、国の恥に成る様な事をすると、そのように思ってしまった事を[きっと後悔することで有りましょう。] 御国への心入れも、今後は改まってくると存じます。もし使者役官の一行が切腹をせず、その前に、この朝鮮へ派遣した

일이 되겠지요. 조선에는 무례의 잘못이 있으므로 몇 번이고 사과하게 되는 일이 됩니다. 이쪽의 사자와 역관 일행이 할복한 보상으로, 그때의 접위관이나 동래부사 및 훈도나 별차에게 참죄가 집행되게 되겠지요. 그것으로 양국[은 화해하게 되어 이후로] 무사히 경과되게 될 것으로 생각합니다. 그 후에 조선은 크게 후회하며 쓰시마가 [지금까지] 여러 가지로 정성을 다하여 말해온 것을 거짓으로만 생각하여, 나라가 창피당하게 되는 것과 같은 일을 하게 되면, 그렇게 생각해버렸던 것을 [반드시 후회하게 되겠지요.] 나라(쓰시마)에 대한 인식도 금후로는 바뀔 것으로 생각합니다. 만일 사자 역관 일행이 할복하지 않고 그 전에 조선에 파견한

仕方合申さ申誠御座候以及仕出て
公儀之忠心と宗加御宗観で事ハ候ニ
の御取扱宗観　公儀御沙汰ハ尤
御宗家難有取扱候依御頼候取扱
宗観御取宜仕被成度存候
仏陀取扱候様ニ付上ニ付御仕舞申
取扱可被成候御奉書之御宗
御取扱御座候上成事ニ成候
可被成候一分之不存候以

使者方より如此申越候与段々被仰上候ハヽ　公儀之御心ニ最初御窺可有之時分ニハ如何様共不被窺　公儀御聞被遊候而も御差図難被成様ニ仕置候而ケ様ニ被窺候段不宜仕形与被思召　御隠居様江之御尋ニ此上之御仕掛如何様ニ被成可然与被存候哉与御尋を御蒙り被遊候ハヽ御返答難被仰上御事ニ成行可申哉与奉存候然者私一分之所存を以

使者方から、このように[あちらから]申し入れがあると、その色々[な問題点を公儀へ]報告したならば、公儀の御心に[不審の念が湧き起こる事と思います。つまり]最初、御相談が有る筈の時分には、どのような相談もせず[このように交渉が行き詰まり]公儀がお聞きになっても[もはや]御差図には成り難いという段階になって[始めて]このような相談を持ち掛けてくるなどとは、これは怪しからん仕形であると、そのように[公儀は]お考えになる事でしょう。そして、やがて御隠居様に対し[あらためて不審であると]そのような御尋ねがあると思います。この上の交渉については[どのように考えているのか]その対策はどのように行うつもりなのか、果たして[今後この交渉は]どう展開していくのか、見通しは立っているのか、などと[種々の]御尋ねを蒙ることになると存じます。[そのようにこちらの責任を問われた場合]御返答を申し上げることには[注意が必要となります。対応が悪ければ、対馬藩の存続に関わる事になり]難しい成り行きとなって参ります。そうであるならば、私自身の一身の覚悟で、

사자 측에서 이렇게 [저쪽에서] 요구가 있다고, 그 여러 가지 [문제점을 장군에게] 보고했다면, 장군의 마음에 [이상한 마음이 생길 것으로 생각합니다. 즉] 처음에 상담이 있어야 할 시기에는 어떤 상담도 하지 않고 [이렇게 교섭이 막혀] 장군이 들으셔도 [이미] 지시하기가 어렵다는 단계가 되어서 [비로소] 이러한 상담을 가지고 오는 것, 이것은 이상한 형국이라고 그렇게 [장군은] 생각하시겠지요. 그리고 결국 은거하신 분에게 [다시 이상하다고 하는] 그러한 질문이 있으리라고 생각합니다. 이 이후의 교섭에 대해서는 [어떻게 생각하고 있는 것인가] 그 대책은 어떻게 취해 갈 것인가, 과연 [금후의 교섭은] 어떻게 전개하여 갈 것인가, 계획은 세우고 있는 것인가 등을 [여러 가지로] 질문을 받게 될 것으로 생각합니다. [그렇게 이쪽의 책임을 물었을 때의 경우] 반답을 올리는 일에는 [주의가 필요합니다. 대응이 나쁘면 쓰시마한의 존속이 관계되는 일이 되어] 어려운 일이 됩니다. 그러하기 때문에 저 자신 일신의 각오로

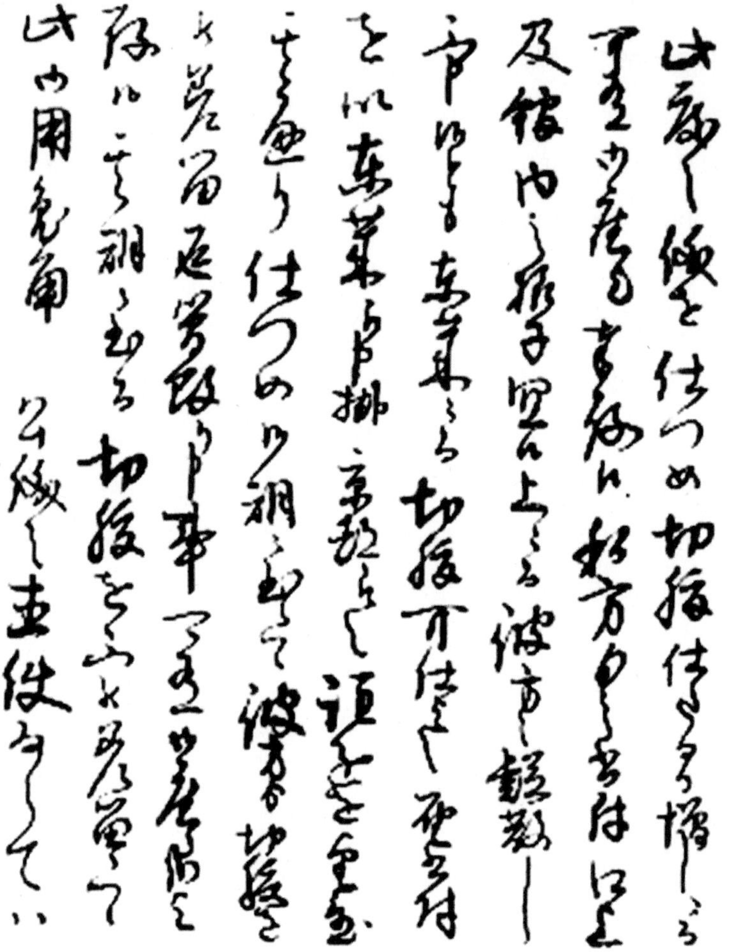

此度之儀を仕つめ切腹仕たるか増しニ而可有御座与奉存候私方より之書付口上及館内之様子宜候上ニ而彼方之疑散し不申候とも東莱ニ而切腹可仕与之届書付を以東莱江申掛京都江之注進を望置其通り仕つめ候調ニ至候ハヽ彼方より切腹を被差留返簡改り申事可有御座候哉与存候其調ニ至而切腹を不被差留候ハヽ此御用兎角　公儀之直使ならてハ

この度の御役目を果たそうかと思っております。[公儀から御隠居様へお尋ねがあるより]私が詰め腹を切る方が[選択肢としては]遥かに増しでございます。私の方から書付や口上書、及び館内の様子などを、宜しいように整えた上で、あちらの疑念を[何とか]払拭しようと[なおも申し掛け、今後の交渉において虚しい努力を]するよりも、そのような事をしなくても、東莱にて切腹を仕ると[そのような覚悟の]届けの書付を以て、東莱へ申し掛けた方が[遥かに]京都への注進が望めます。その通り[の手順で交渉を]行い、詰めて申し入れを行えば[あちらは事の重大さを考え、この一連の交渉を再度取り上げ]調整に入ることでしょう。そのような段階に至れば、この切腹を差し留めることにもなり、返翰が改ることも[十分に]有る事でございます。そのような調整局面に至っても[なお]切腹を差し留めるような事が起こらなければ、この御用は[対馬では扱えない程の、それを超えたものでございます。] 兎も角も公儀の直使でなくては

이번의 역할을 완수하려고 생각하고 있습니다. [장군이 은거하신 분에게 질문하기보다] 제가 할복을 하는 것이 [선택지로서] 훨씬 좋습니다. 저의 쪽에서 서부나 구상서 및 관내의 상황 등을 좋게 정리한 후에, 저쪽의 의심을 [어떻게든] 불식하려고 [계속 말을 걸어 금후의 교섭에 있어 헛된 노력을] 하기보다도, 그러한 일을 하지 않아도 동래에서 할복을 한다는 [그러한 각오를] 알리는 서부로 동래에 요구하는 것이 [훨씬] 경도에 주진하는 일이 가능합니다. 그대로[의 순서로 교섭을] 하며 계속해서 요구를 하면 [저쪽은 일의 중대함을 생각하여 이 일련의 교섭을 다시 시작하여] 조정에 들어갈 것입니다. 그러한 단계에 이르면 할복을 그만두는 일이 되고 반한을 고치는 일도 [충분히] 있을 것입니다. 그러한 조정국면에 이르러도 [계속] 할복을 그만두어야 하는 일이 생기지 않으면 이 용건은 [쓰시마에서는 취급할 수 없을 정도의, 그것을 초월한 일입니다.] 어쨌든 장군의 직사가 아니면

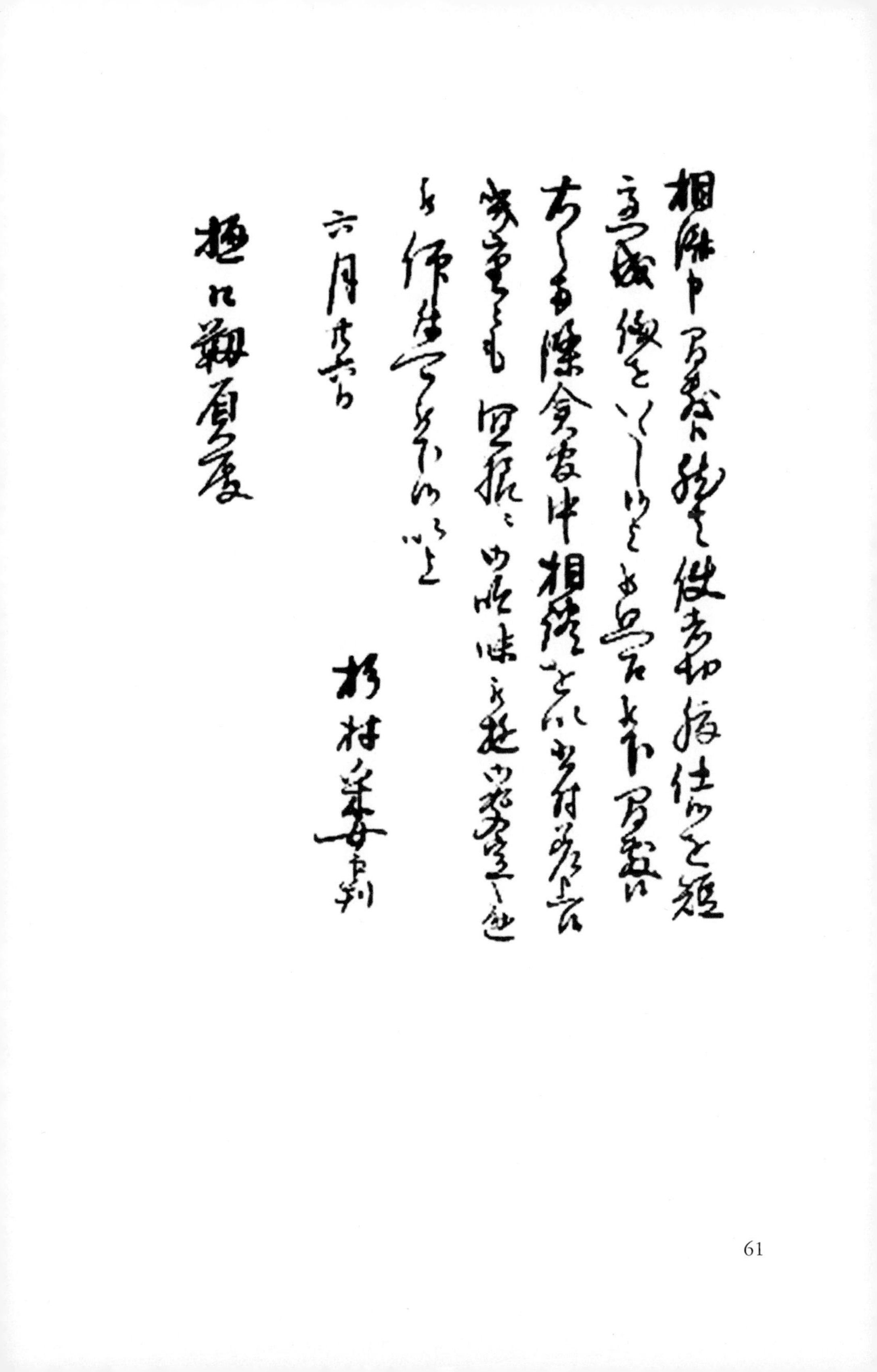

相勤申候[illegible]

[illegible]

[illegible]相[illegible]

[illegible]

[illegible]可被仰付候、以上

六月廿六日

杉村采女 書判

樋口靭負殿

相済申間敷候然者使者切腹仕候を短慮成儀をいたし候与被思召被下間敷候右之両条僉官中相談を以書付差上候幾重〻も宜様〻御吟味被遊御決定之通被仰付可被下候以上

六月廿六日　　　　　　　　杉村釆女 印判

樋口靭負殿

[もはや]済まなくなったと見なくてはなりません。そうであるならば、使者は[討ち死の覚悟で、ここで]切腹を決行いたします。短慮な事をしてしまったと、お考えなさらぬよう、お願いを致します。
右の両条は、使者役官たち皆どもと相談をして、書付に致したもので、それを差し上げるものでございます。幾重にも宜しいように御吟味くださり、その御決定の通りを[こちらに]仰せ付け下さいますよう、お願い致します。以上でございます。

六月廿六日　　　　　　　　杉村釆女 印判

樋口靭負殿

[아무래도] 끝나지 않는다고 보지 않으면 안 됩니다. 그렇게 되면 사자는 [전사하는 각오로 여기서] 할복을 결행합니다. 생각이 부족한 일을 하고 말았다고 생각하지 않으실 것을 원합니다.
위의 양조는 사자 역관들 모두와 상담하여 서부로 한 것으로, 그것을 올리는 것입니다. 몇 번이고 잘 생각하여 주시고 그 결정한 것을 그대로 [이쪽에] 명하여 주실 것을 부탁합니다. 이상입니다.

6월 26일　　　　　　　　스기무라 우네메 인판

히구치 유키에 토노

〃七月の極に 鞘覆とれ、米母えの伝授に
山ちは花に浪し

(36-04)

〃七月五日樋口靱負を以采女江被仰渡候御書付左ニ記之

(36-04)

〃七月五日、樋口靭負を以て[御隠居様から]杉村采女へ申し伝えた御書付がある。これを左に記す。

(36-04)

〃7월 5일에 히구치 유키에를 시켜 [은거하신 분이] 스기무라 우네메에게 전한 서부가 있다. 이것을 아래에 기록한다.

覚

一其方儀朝鮮表ニ而役ニ急度御
仕候様申付無油断可学候
有之付之迄ハ仕古川義人望之ニ而
可遣候御一可仕事

月　日

杉村采女

覚

其方儀朝鮮表[江]為使者急[ニ]渡海仕候様[ニ]申付置候得共了簡之儀有之付先延引仕古川蔵人帰国之節早速渡海可仕候事

月　日　　　　杉村采女へ

覚

その方の事であるが、朝鮮表へ使者として、急遽、渡海するよう申し付けた。だが少し考える所が有り、ひとまず延引を申し付ける。古川蔵人が帰国の節[その朝鮮の状況を踏まえ、再度必要な場合、その方に申し付けるので、その折]早速、渡海を行う事。

月　日　　　　杉村采女へ

오보에

그쪽의 일인데 조선에 사자가 되어 급거 도해하도록 하라고 명했다. 그러나 조금 생각하는 것이 있어 일단 연기를 명한다. 후루카와 쿠란도가 귀국할 때 [그 조선의 상황을 포함하여 다시 필요할 경우, 그쪽에 명할 것이므로, 그때] 서둘러 도해하도록 할 것.

월 일　　　　스기무라 우네메에게

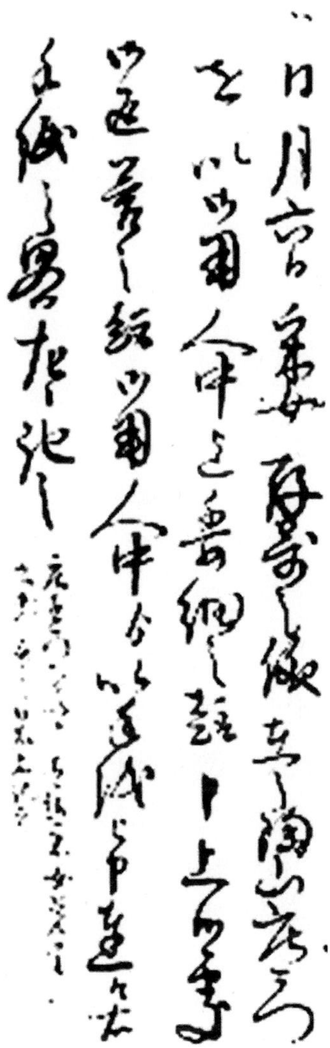

(36-05)

〃同月六日采女存寄之儀在之陶山庄右衛門を以御用人中迄委細之趣申上候処御返答之趣御用人中より以手紙被申達候右手紙之畧左ニ記之 庄右衛門を以申上候趣采女覚書ニ茂書載無之候故不記之候

(36-05)

〃七月六日、采女は思う所があり、陶山庄右衛門を介し[御隠居様のお側役]の所まで[竹嶋一件について]委細の趣旨を申し上げた。すると[御隠居様からの]御返答の趣旨が、御用人から手紙を以て伝えられて来た。右の手紙の概略を左に記しておく。【但し】庄右衛門を以て【御用人へ】申し上げた趣旨は、采女の覚書にも書き載せの無い書状であったため、これは記さない。

(36-05)

〃7월 6일에 우네메는 생각하는 것이 있어 스야마 쇼우에몬을 중개로 [은거하신 분의 측근역] 어용인이 있는 곳에 가서 [죽도일건에 대해] 자세한 취지를 말씀드렸다. 그러자 [은거하신 분이 보낸] 반답의 취지를 어용인이 편지로 전해왔다. 위 편지의 개략을 아래에 기록해 둔다. 【단】 쇼우에몬을 【어용인에게】 보내 이야기한 취지는 우네메의 각서에도 기록한 것이 없는 서장이었기 때문에, 이것은 기록하지 않는다.

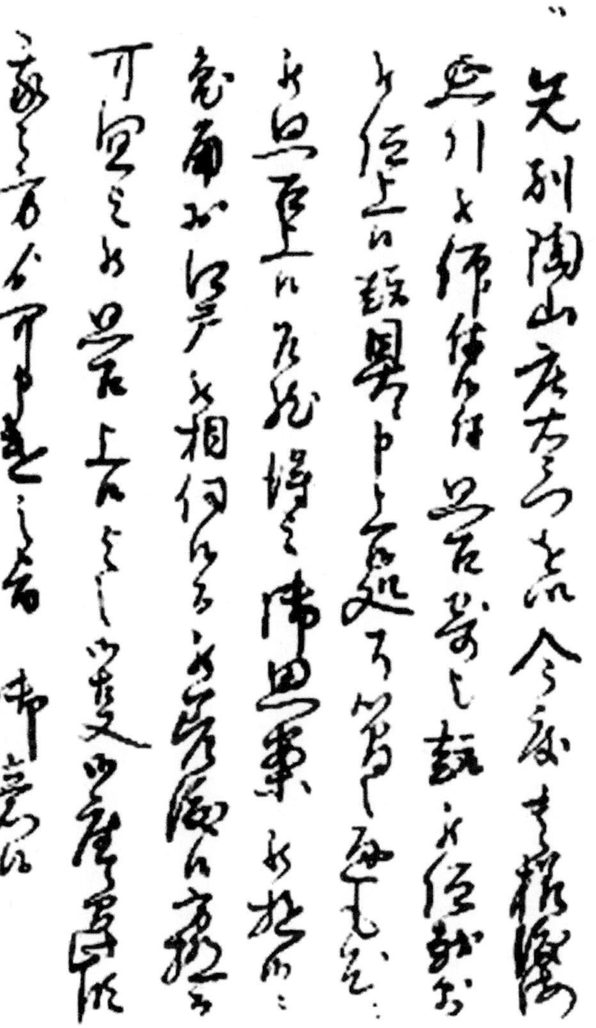

〃先刻陶山庄右衛門を以今度貴様渡海延引被仰付候付思召寄之趣被仰越則被仰上候趣具ニ申上候処了簡之通も尤ニ被思召上候乍然得与御思案被遊候ニ兎角於江戸被相伺候而被差渡候方極而可宜与被思召上候与之御事御座候間此段我々方より可申遣之旨　御意候

〃先刻、陶山庄右衛門を以て[申し出た事に就いてである。] 今度、貴殿が渡海する事について、その延引が[御隠居様から]命じられた。その[御隠居様の]お考えの趣旨[を承けて]直ちに[貴殿から、委細の]趣旨が報告された。それを具に[御隠居様に]申し上げた処、その了簡の通りを[御承認下さり]尤にもお考えになられた。しかしながら、よくよく念入りに[御隠居様は]御思案になられ、兎も角も[今の段階では]江戸に御伺いを立て、その御指図に従う事が、極めて宜しい[遣り方であると]そのようにお考えになっておられる。それゆえ、この[公儀への御伺いの]事は、我々[家来]の方から[この際]申し出るべき事である。(註2) [そのような藩論の形成が必要で]それが[この度の御隠居様の]お考えである。

〃지난번에 스야마 쇼우에몬을 통해 [말씀드린 것에 대한 것이다.] 이번에 귀하가 도해하는 것에 대해, 그 연기를 [은거하신 분이] 명하셨다. 그 [은거하신 분의] 생각하시는 취지[를 받들어] 즉시 [귀하가 자세한] 취지를 보고하셨다. 그것을 자세히 [은거하신 분에게] 아뢰었더니, 그 생각하시는 것 그대로 [승인하시는 것이] 당연하다고 생각하셨다. 그러나 차분히 [은거하신 분은] 생각하시어 어쨌든 [이 단계에서는] 에도에 여쭈어서 그 지시에 따르는

일이 가장 좋은 [방법이라고] 그렇게 생각하시고 계신다. 그렇기 때문에 [장군에게 여쭙는] 일은, 우리들 [부하] 쪽에서 [이번에] 건의해야 하는 일이다. [그러한 번론을 형성하는 것이 필요하고] 그것이 [이번의 은거하신 분의] 생각이다.

一 七月廿六日宋女方ゟ翻頁形毎ゝ被
出候ハゝ可上旨相伝候

(36-06)

〃七月廿五日釆女方より靭負頼母迄差出候口上書左ニ記之

(36-06)

〃七月二十五日、杉村釆女から樋口靭負と杉村頼母まで差し出した口上書がある。これを左に記す。

(36-06)

〃7월 25일에 스기무라 우네메가 히구치 유키에와 스기무라 타노모에게 제출한 구상서가 있다. 이것을 아래에 기록한다.

口上之覚

竹島之件ニ付而大節成候段ニ而候ニ付而

西山寺滞留之内平田直右衛門被申候事を

以而申遣候様ニ御在館中ニ而御返事を申遣候

御用之儀ニ付而御返事之上ニ而御在留之段

東莱府使ゟ之御書翰之趣被差上候得共

陶山庄右衛門義も未太郎ニも申遣候

口上之覚

竹島之一件至而大節成儀与奉存候故西山寺滝六郎右衛門平田茂左衛門存寄を御尋被遊私僉官中江茂御聞せ被成候ハヽ御用之助ニ罷成候事も可有御座哉と奉存申上候頃日三人差上候書付を致披見陶山庄右衛門橋辺半五郎ニも見せ申候

口上の覚

竹島の一件は至って大切な事と思っております。それゆえ西山寺の御住職、滝六郎右衛門、平田茂左衛門の御三人に、その思っている所をお尋ねになられ、また私が[渡海の折、引き連れて行く予定の]役官達へも[その思っている所を]御聞きになられたならば、御用の助けにも成る事と存じます。最近、右の御三人が[御隠居様に]差し上げた書付を[私も]見る機会があり、それを陶山庄右衛門と橋辺半五郎にも見せました。

구상의 각서

죽도일건은 참으로 중요한 일이라고 생각하고 있습니다. 그렇기 때문에 사이산지의 주직, 로우 로쿠로우에몬, 히라타 시게자에몬 세 사람에게 그 생각하고 있는 것을 물으시고, 또 제가 [도해할 때, 이끌고 갈 예정인] 역관들에게도 [그 생각하는 것을] 들으시면, 용무에 도움이 되는 일이라고 생각합니다. 최근 위 세 사람이 [은거하신 분에게] 바친 서부를 [저도] 볼 기회가 있어 그것을 스야마 쇼우에몬과 하시베 한고로우에게도 보였습니다.

六郎左衛門ニ申付候内ニハ竹嶋ニ而申分之様
不成相見へ候処此用ニ而ハ竹嶋ニ被仰
船頭左衛門判形所内ニも竹嶋と申書ニ
中頃之書之ニ而ハ磯竹ニ六郎左衛門ニ申付
候内有之一折之書ニ而候ハ而を書換候
従当職船頭竹嶋を其ニ認候申付候

六郎右衛門書付之内ニハ尤成ル申分と存候所共相見へ候得共此御用之主意与存候儀私庄右衛門判五郎内々之存寄とハ甚違ひ申たる事ニ而御座候故六郎右衛門書付之内第一肝要と存候所を書抜き左ニ致書載私存寄を其次ニ書付申候

六郎右衛門の書付の内には、尤な申し分と思う所もございますが、この御用の主意と思う所は、私や庄右衛門や判五郎が内々に思っている事と、大きく相違を致します。それゆえ六郎右衛門の書付の内で、第一に肝要と思われる部分を書き抜き、左に書き載せる事に致します。その次に私が思っていることを書き付け、申し上げる事に致します。

로쿠로우에몬의 서부 속에는 당연한 말씀이라고 생각하는 곳도 있습니다만, 이 용건의 주된 뜻이라고 생각하는 곳은 저나 쇼우에몬이나 한고로우가 속으로 생각하고 있는 것과 크게 다릅니다. 그렇기 때문에 로쿠로우에몬 서부 안에서 제일로 중요하다고 생각하는 부분을 간추려 아래에 기록하기로 합니다. 그다음에 제가 생각하고 있는 것을 기록하여 말씀드리는 것으로 하겠습니다.

一
六月廿六日付之内ニ此度之一件此方之
日勝利彼方之越度ニ相極候ニ付
候而致一掛ニも却而失利ニ而御座候
有之候ニ付猶更勝難申事ニ候得共
不仕候事ニ付從是急度申候て
失利不申候を申候ハ已前之朝廷之恐入

一 六郎右衛門書付之内ニ此度之一件此方之御勝利彼方之越度ニ極候様ニ奉存候然共致し掛ニより却而失利候事茂有之儀ニ候得者必勝難決奉存候緩急ハ可依勢ニ事ニ候得共先者急過申候ハヽ失利可申哉与奉存候已前之朝廷と只今之

一 六郎右衛門の書付の内に[記されているのは以下のような事でございます。すなわち]この度の一件は、こちらの御勝利で、あちらの落ち度という事に決まりでございます。しかしながら交渉の次第によっては、返って実利を失う結果に到るかもしれません。それゆえ必ず勝つとは決め難いところがございます。[交渉には]緩急というものがあり、それは[時の]勢いに依るべき事ではありますが、先ずここは急ぎ過ぎては[なりません。急ぎ過ぎては返って]実利を失う事もあると思います。[あちらの朝廷の内情を窺えば]以前の朝廷と只今の

1. 로쿠로우에몬의 서부 안에 [기록되어 있는 것은 이하와 같은 것입니다. 즉] 이번의 일건은 이쪽의 승리이고, 저쪽의 과실이라는 것으로 결정되었습니다. 그러나 교섭 여하에 따라서는 오히려 실리를 잃는 결과에 이를지도 모릅니다. 그렇기 때문에 반드시 이긴다고는 판단하기 어려운 곳이 있습니다. [교섭에는] 완급이라는 것이 있어, 그것은 [때의] 세력에 따라야 하는 일입니다만 우선 여기서 너무 서둘러서는 [안 됩니다. 서둘러서는 오히려] 실리를 잃는 일도 있다고 생각합니다. [저쪽 조정의 내정을 엿보면] 이전의 조정과 지금의

朝廷ぇ得御意ニ被申掛候而堅ク為[illegible]事
被成置候得共[illegible]之儀を一々[illegible]一ノ儀
勝ニ事ニ而[illegible]只今分難一決御筆ニ以
無之候何事委細可申六ヶ敷候儀ハ
日本之御勝ニ[illegible]甚可宜候
ハ今般及ハ況此節之儀も全然朝鮮之

朝廷と同前ニ存申掛候ハヽ宜間敷哉与奉存候其次第様子之儀者其時之可依勢ニ事ニ候得共只今より難一決御事ニ候惣而不依何事両国四歩六歩程之儀ハ日本之御勝ニ罷成候段其故有之御事ニ候由承及候況此度之儀者全体朝鮮之

朝廷とでは[少しばかり様子が違います。]　同前のつもりで申し掛けを行っても[対応は違っていて]宜しくありません。その[交渉の]次第[そして対応の]様子については、時の勢いに依るべき事ではありますが、只今[直ぐ]にも一決し[落着]という事は、難しい事でございます。総じて何事にも依らず両国は[五分五分という関係にございます。たとえ事が起こり、揉めたにしても、やはりそこでは]四歩六歩ほどの事で[収まるものでございます。今回はこの程度の事で]日本の御勝利に罷り成る事でございましょう。[充分に]その理由は有る事であり、そのようにも聞き及んでおります。ましてや、この度の事は、全体的に見れば朝鮮

조정은 [약간 상황이 다릅니다.] 전과 같은 생각으로 말을 걸어도 [대응이 달라서] 좋지 않습니다. 그 [교섭의] 결과 [그리고 대응의] 상황에 대해서는 때의 흐름에 따라야 하는 것입니다만, 지금 [즉시] 한 번에 [해결한다]고 하는 일은 어려운 일입니다. 대체로 어떤 일에 있어서도 양국은 [호각의 관계입니다. 가령 문제가 생겨 분쟁이 있다 해도 역시 그것은] 4보 6보 정도의 일로 [수습되는 것입니다. 이번에는 이 정도의 일로] 일본이 승리하는 일이 되겠지요. [충분히] 그 이유가 있는 일이라고 그렇게 듣고 있습니다. 하물며 이번의 일은 전체적으로 보면 조선

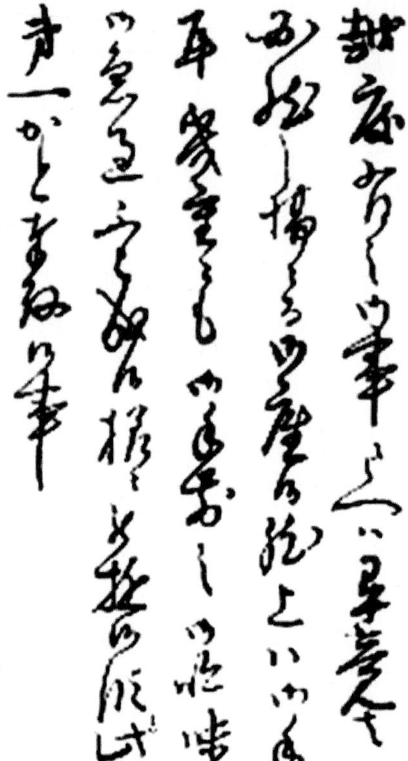

越度有之御事ニ候へハ畢竟者御勝利必然之場ニ而御座候然上ハ御手違無之様ニ耳幾重ニも御手前之御吟味を被差詰置御急過不被成候様ニ被遊候段と此度肝要之第一かと奉存候事

側に落ち度がございますので、結局こちらの御勝利は必然でございましょう。そのような事でございますので、御手違いをなさらぬよう、幾重にも皆様方で御検討を重ね、事に当たって下さいますよう[お願い致します。] くれぐれも御急ぎ過ぎに成られぬ様、なさっていただきたい。この度の事は、ここが第一に重要な所でございます。

(조선) 측에 과실이 있기 때문에 결국 이쪽의 승리는 필연입니다. 그러한 일이므로 실수하지 않도록 몇 번이고 여러분 측에서 거듭 검토하여 일에 임하여 주실 것을 [원합니다.] 제발 서두르지 않도록 해주셨으면 합니다. 이번의 일은 이것이 제일 중요한 일입니다.

右之旨去冬ゟ申候趣ニ此方ゟ一件申候處ニ
従公儀よりも金銀朝鮮へ被仰遣候
而今此方ゟ御勝利ニ相極り申候てハ
不宜候然て尾ハ少も宜く朝鮮之方ハ
御勝ちと相見へ候様ニ罷成候様ニ
此上ハ支度ニ御座候然共難計候ハヽ不宜候

右六郎右衛門申候通ニ此度之一件御使者之致シ掛により全体朝鮮之越度ニ成候而必定此方之御勝利ニ相極り申儀ニ而候へハ　公儀之御首尾ハ十分宜しく朝鮮之方ハ御勝ち被成旁以結構千万成る儀無此上御事ニ而御座候乍去私存候ハ　公儀より

右の六郎右衛門が申す通りに行けば、この度の一件は、御使者の致し掛けにより、全体的に見れば朝鮮側の落ち度に成り、必ずや、こちらの御勝利に決まる事になるであろう。そうなれば公儀の御首尾は十分に宜しく、朝鮮役の方々は御勝ちに成られ、あれこれ結構千万と成る事、この上も無い事である[と、そのような主張を致します。] しかしながら、私が思うには、公儀から

위의 로쿠로우에몬이 말한 대로 해나가면 이번의 일건은, 사자의 역할에 의해, 전체적으로 보면 조선 측의 과실이 되어, 반드시 이쪽의 승리로 끝나는 일이 될 것이다. 그렇게 되면 장군의 입장은 아주 좋게 되어, 조선의 일에 관계한 분들은 성공한 것이 되어, 이것저것이 아주 좋게 되어, 이 이상 없는 일이다 [라고, 그러한 주장을 합니다.] 그러나 제가 생각하기에는 장군이

渡海之儀申遣候かつて可被仰付候由被仰出候ニ付而
無拠日本之者共参候而只今ゟ被成候ハヽ
此度ゟ彼者共ニ此方ゟ十分之儀
勝利之儀ニ被存仕候私方之事ニ付
向後猶以竹嶋之者共ニ可被朝鮮へ
渡海を申付處漁猟相成候様差留
仕候事堅く申付可有之段ニ相成候

彼嶋を御取かため可被成与被仰出候ハヽ各別之御事与奉存候只今迄之成行ニ而ハ御国より之御使者を以此方十分之御勝利ニ成候様ニ仕儀者私庄右衛門判五郎江も決定不罷成儀与奉存候勿論朝鮮より彼嶋を日本之属嶋ニ相極たる返簡仕候事決而有之間敷与存候私儀者

彼の島を御取り固めに成るよう命じられた事は、各別の事であると思っております。只今までの成行きでは、御国からの御使者を以て、こちら十分の御勝利に成るような交渉を行う事は[極めて困難な事であると思っております。] 私も庄右衛門も判五郎も、そのような[勝利を]決定するような事には[とても]成り得ないと思っております。もとより、彼の島を日本の属島に決定するような返翰を、朝鮮から受け取る事は決してできない事であり、私は

그 섬을 엄중히 경계하라고 명하신 것은 각별한 일이라고 생각하고 있습니다. 지금까지의 진행으로는 나라(쓰시마)에서 사자를 보내 이쪽이 만족하는 승리를 얻을 수 있는 교섭을 하는 일은 [아주 곤란한 일이라고 생각하고 있습니다.] 저도 쇼우에몬도 한고로우도 그러한 [승리를] 결정하는 것과 같은 일은 [아주] 어려울 것이라고 생각하고 있습니다. 원래부터 그 섬을 일본의 속도로 결정하는 것과 같은 반한을 조선에서 받는 일은 결코 이룰 수 없는 일로, 저는

々様ニ承候ハヽ金銀胡椒撰被成ニ付
此方ゟ十分之御勝利可有之而御節を
申候程を以可申ニ相見候得共左様ニ而
申候迄ニ相調候ニ者其座ニ候を
御為ニ宜しく候様ニ相極被成候ハヽ其段ニ付
其座者其時ニ候ハヽ申上ニ而右之存
寄之色ニ而相調候を以只今上ケ候て
松口役ニ申ニ而右之段日吉存候
仁を以ふ之候處正官人ニ申付

ケ様ニ存候故全体朝鮮之越度ニ而此方之十分御勝利になる必然之場と中道理を曾而不相心得候若六郎右衛門申候通ニ相調る儀ニ御座候得者御為ニ宜く結構至極成ル御事ニ而御座候間御吟味之上ニ而六郎右衛門存寄之通ニ可相調儀与被思召上候ハヽ私同役之中ニ而六郎右衛門与同意ニ存候仁を御ゑらひ被成正官人ニ被仰付

そのように思っております。それゆえ、全体的に朝鮮に落ち度があり、こちらが十分の御勝利になるような必然はありません。そのような道理を[述べることなど、私には]全く理解できません。もし六郎右衛門が申す通りに[交渉が]調うなら[公儀の]御為にも宜しく[対馬のためにも]結構な事でございましょう。御相談の上[もしも]六郎右衛門が思う通りに[交渉を]調えようと[御隠居様が改めて]お考えになられるのであれば、私の同役の中から六郎右衛門と同意見を持つどなたかを選び、正官人としての御役目を命じられては

그렇게 생각하고 있습니다. 그래서 전체적으로 조선에 과실이 있어, 이쪽이 충분히 승리할 수 있을 것 같은 필연은 없습니다. 그러한 도리를 [이야기하는 등, 저는] 전혀 이해할 수 없습니다. 만일 로쿠로우에몬이 말씀하신 대로 [교섭이] 정리되면 [장군을] 위해서도 좋고 [쓰시마를 위해서도] 좋은 일이겠지요. 상담하여 [만일에] 로쿠로우에몬이 생각하는 대로 [교섭을] 정리하려고 [은거하신 분이 다시] 생각하시는 것이라면, 나의 동료 중에서 로쿠로우에몬과 같은 의견을 가진 누군가를 골라 정관인의 역할을 명하시면

可被申達候様ニ正官人不存
御隠居様思召ニ而ハ無之候副官人
都船主不存正官人何事ニ而ハ無之候
ハ今ハ御用之御為ニ不宜候事
存候旨只賓主之間も申相済不申
御隠居様ニ而も無之候正官人を
も居候正官人何事ニ而ハ無之候副官人
都船主ともニ居候様可被申達と被仰御帰
公儀ニ申伺相勝候而[illegible]の数[illegible]

可然御事与奉存候正官人所存御隠居様御心ニかなわす副官人都船主所存正官人心にかなわす候而ハ御用之御為ニ不宜儀与奉存候間只幾重ニも御相談被遊　御隠居様御心にかなひたる正官人を被差渡正官人心にかなひたる副官人都船主を被差添可然御事与奉存候兎角　公儀江御伺相済申候ハヽ御差図の趣により

如何でしょう[註3]。正官人の考えは、御隠居様の御心に叶わなくてはならないものであり、また副官人や都船主の考えは、正官人の心に叶わなくてはならないものであります。そうでなくては、御用を果たす為[の役目を果たすのに]宜しくありません。それゆえ只幾重にも御相談なさり、御隠居様の御心に叶った正官人を[朝鮮へ]差し渡され、その正官人の心に叶った副官人や都船主を差し添えられるのが[交渉の上で]大切な事でございます。兎も角も、公儀への御伺いが済めば、その御差図の次第によっては、

어떨까요. 정관인의 생각은 은거하신 분의 마음에 맞지 않으면 안 되는 것이고 또 부관인이나 도선주의 생각은 정관인의 마음에 들지 않으면 안 되는 것입니다. 그렇지 않으면 용무를 수행하기 위한 [역할을 수행하는 데] 좋지 않습니다. 그래서 지금 몇 번이고 상담하시어 은거하신 분의 마음에 맞는 정관인을 [조선에] 보내시고, 그 정관인의 마음에 맞는 부관인이나 도선주를 딸려 보내는 것이 [교섭하는 데 있어] 중요한 일입니다. 어쨌든 장군에게 여쭙는 일이 끝나면 그 지시의 여하에 따라서는

御仕置之儀を御任被成候[illegible]
朝鮮人ニ被仰付[illegible]
可有之候哉と存候[illegible]
之事情[illegible]此節一件朝鮮
御座候[illegible]心さへ止候て
公儀ニも[illegible]存候[illegible]
両国[illegible]一件ニ付朝鮮[illegible]
有之事ニ御座候[illegible]
被存候[illegible]十分之御勝利

御使者之儀与被仰替候と成共前之通私江被仰付候と成共御心次第ニ極り申ニ而可有御座与奉存候間江戸表より之御一左右を奉待罷居可申候此度之一件朝鮮より御国をうらミられ候心さへ止候ハヽ　公儀江被差上候程之御返簡ニハ改り可申哉与存候尤一件ニ付朝鮮国之越度も有之事ニ御座候得共其越度を申立而彼方を申詰此方十分御勝利之

御使者の変更もある事でございましょう。また前の通りに、私へ御命令があるかもしれませんが[いずれにせよ]それは[御隠居様の]御心次第で決定がなされます。そのような事でございますので、まずは江戸表からの御通知を待つ事に致しましょう。この度の一件では、朝鮮から御国(対馬)が恨まれておりますので、そのような[恨みの]心さえ[この際]止む事になれば、公儀へ差し上げて[支障の無い]程度の御返翰に改まって来る事は[充分に]可能な事でございます。尤も、この一件に付いては、朝鮮国の落ち度も有る事でございますが、その落ち度を言い立てて、あちらを追い詰めて見ても[この一件の解決は有りません。]こちらが十分の御勝利を得て

사자의 변경도 있을 수 있는 일이겠지요. 또 전과 같이 저에게 명령이 있을지도 모릅니다만 [어느 쪽이라 해도] 그것은 [은거하신 분의] 마음에 따라 결정이 이루어집니다. 그러한 일이므로, 우선은 에도의 통지를 기다리는 것으로 하지요. 이번의 일건은 조선이 나라(쓰시마)를 원망하고 있기 때문에, 그러한 [원망의] 마음만 [이번에] 그만두게 한다면, 장군에게 바쳐서 [지장이 없을] 정도의 반한으로 고쳐 오는 일은 [충분히] 가능한 일입니다. 원래 이 일건에 대해서는 조선국의 과실도 있기는 합니다만, 이 과실을 지적하여 저쪽을 추궁해 보아도 [이 일건의 해결은 없습니다.] 이쪽이 충분한 승리를 얻어

延賞を以て被成候儀ハ尤ニ御座候無之
を以暮り候とも不被為在候と
難此段之儀者ハ当勢を難然
にして及理を正し處置し彼方を
詳ニさとし　公儀え申上候様
延賞ニ改め候迄甚以よろしく存候ハヽ
公儀よりの御沙汰之趣承知ニ而相済候
宜しく被仰達度存候

返簡を御取被成儀ハ如何様之弁才を以申募り候とも罷成間敷哉と存候此度之御使者ハ言葉を慇懃にして道理を正敷申尽し彼方を詳ニさとし　公儀江被差上候程之返簡ニ改められ其上ニ而之御決断ハ　公儀よりの御差図次第ニ被遊候様ニ有之度御事与奉存候

[望みの]返翰を獲得しようとしても、どのような弁才を以て言い募ろうとしても、それは成ることではありません。この度の御使者は、言葉を慇懃にして道理を立て、正直に申さねばなりません。[そのような誠意を]尽し、あちらをこまやかに諭して行かなければなりません。そのような交渉ができたならば、公儀へ差し上げて支障の無い程度の御返翰に、改められて来ることは[充分に]有る事でございます。その[改まった返翰を、改めて公儀へ差し上げた]上で[この竹嶋一件の]御決断を[公儀に仰げばよいのではないでしょうか。その後は]公儀からの御差図の次第になさっては如何でしょうか。そのような[交渉を進めるべきと]私は思っております。

[원하는] 반한을 획득하려고 해도, 어떤 변재를 보내 말을 잘한다 해도, 그것은 이루어지는 일이 아닙니다. 이번의 사자는 말을 은근하게 하며 도리를 세워 정직하게 말하지 않으면 안 됩니다. [그렇게 성의를] 다하여 저쪽을 차분히 설득해 가지 않으면 안 됩니다. 그와 같은 교섭을 한다면 장군에게 보고해도 지장이 없을 정도의 반한으로 고쳐서 오는 일은 [충분히] 있을 수 있는 일입니다. 그 [고쳐진 반한을 다시 장군에게 바친] 후에 [이 죽도일건의] 결단을 [장군에게 여쭈면 좋지 않을까요. 그런 후에는] 장군의 지시대로 하시면 어떨까요. 그렇게 [교섭을 진행해야 한다고] 저는 생각하고 있습니다.

右之話　佛前宜敷ニ少被遊被下候

以上

七月廿六日

杉村華女

植ニ蘭育様

杉村彩母様

右之趣　御前宜様ニ御披露頼存候
　以上
　七月廿五日　　　　　　　杉村采女
　樋口靭負殿
　杉村頼母殿

右の趣旨を[御隠居様の]御前に、宜しいように御披露下さるよう、お頼み申し上げます。
　以上でございます。
　七月廿五日　　　　　　　杉村采女
　樋口靭負殿
　杉村頼母殿

위의 취지를 [은거하신 분의] 앞에서 좋게끔 피로하실 것을 원합니다. 이상입니다.
　7월 25일　　　　　　　스기무라 우네메
　히구치 유키에　토노
　스기무라 타노모　토노

宗女子御座候而西山寺隠居所へ寺田
義ならへ候哉出付して来候而府中ニ在候へ
義なへ出付相成候而不存絶候而殊更
西山寺出付いハ不相成候而不絶候

(36-07)

采女手紙之内西山寺滝六郎右衛門平田茂左衛門存寄書付と在之候所六郎右衛門茂左衛門書付相見へ候故左ニ記之候得共西山寺書付ハ不相見候故不記之

(36-07)

采女の手紙の中には、西山寺[住職]、滝六郎右衛門、平田茂左衛門、それぞれの考え方を示す書付の部分がある。六郎右衛門と茂左衛門の書付は見ることができる。これを左に記しておいたが、西山寺の書付は見あたらず、これは記す事ができなかった。

(36-07)

우네메의 편지 중에는 사이산지(주지), 로우 로쿠로우에몬, 히라타 시게자에몬이 제각각의 생각을 나타내는 서부의 부분이 있다. 로쿠로우에몬과 시게자에몬의 서부는 볼 수가 있다. 이것을 아래에 기록해 두었으나 사이산지의 서부는 보이지 않아 이것은 기록할 수 없었다.

一 平田義右衛門瀧六に右衛門関山与右衛門

段 おゝし 申付 左様候

(36-08)

〃 平田茂左衛門滝六郎右衛門陶山庄右衛門存寄之書付左ニ記之

(36-08)

〃 平田茂左衛門、滝六郎右衛門、陶山庄右衛門、それぞれの考えを示す書付を[順次]左に記す。

(36-08)

〃 히라타 시게자에몬, 로우 로쿠로우에몬, 스야마 쇼우에몬이 각각의 생각을 나타내는 서부를 [순차로] 아래에 기록한다.

竹島之一件

一 此度之御使者 公儀江御内意を御聞届可被成候

兎角存候ハ、彼是後〻〻ニて御大事ニ可被存候

(36-09)

竹島之一件

一 此度之御使者 公儀[江]御内意を御済不被遊候而被差渡候儀者後々迄之御大事与奉存候事

(36-09)

[平田茂左衛門の書付]

竹島の一件

一 この度の御使者は、公儀へその御内意を[詳しく]伺う事なく[即座に、そのまま朝鮮に]差し渡されました。その事は、後々まで影響を及ぼす程の、大変な事であったと思います。

(36-09)

[히라타 시게자에몬의 서부]

죽도일건

1. 이번의 사자는 장군에게 그 내의를 [자세히] 묻는 일 없이 [곧바로 그대로 조선에] 파견되었습니다. 그 일은 훗날까지 영향을 미칠 정도로 중요한 일이었다고 생각합니다.

一
公儀ゟ被仰上候者對馬守代々仕来候御
無二念を以相勤候ニ付入組候處御厚恩を蒙り
宗家之義朝鮮之儀ニ付中にも別而厚恩蒙り候
右様仕候ハヽ此方無念ニ而朝鮮向之儀ニ付

一 公儀[江]被仰上様者先対馬守代ニ使者差渡シ置兼而御内見ニ入置候返翰之内蔚陵嶋之字御座候故除之候様ニ申遣候処蔚陵嶋之儀書載仕候ハ此方主意ニ而御座候由ニ而除之候

一　公儀へ報告を上げる場合[以下のような文言がよいと思います。]先代の対馬守(宗義倫)の代に、使者を[朝鮮に]差し渡しておりました。かねて御内々に御目に入れ置いていた返翰の内に、蔚陵嶋の文字がございます。これを取り除くよう[あちらへ]申し入れていた処[その返答は]蔚陵嶋の事を書き載せたのは、こちら[朝鮮の側]に考えがあっての事で、この文字を除いた

1. 장군에게 보고를 올릴 경우 [이하와 같은 문언이 좋다고 생각합니다.] 선대의 쓰시마노카미(소우 요시쓰구)의 대에 사자를 [조선에] 건너 보내두었습니다. 전부터 은밀하게 보여 드렸던 반한 속에 울릉도라는 문자가 있습니다. 이것을 삭제하도록 하라고 [저쪽에] 요구했는데 [그 반답은] 울릉도의 일을 기재한 것은 이쪽 [조선 측에] 생각이 있어서 한 일로, 이 문자를 삭제한

近習 仕候 雖然是迄難申候分起ニ際ニ申
通申候様ニ申募候得 何角と御座候 仕候所
對馬守死去 仕候 御承知人ニ為り候処
公儀ゟ雖然上存在候 仕立引取候刑部大輔
方々可申請と存仕候 右仕者 彼是申付候
彼是々々何角と是難申候 羅宣を 窺ひ候処
根實し候ニ而 去年 竹嶋ニ而 取立候ハ
朝鮮人 何茂 伝候而 當侍と候 公儀ゟ申達候
此儀 江戸ニ而心得候 對馬ゟ江戸え

返簡仕儀難成与異難申候故左候ハヽ除不申道理申候様ニ申募候而何角与論談仕候内対馬守死去仕候然故死人ニ当り候返簡ニ而ハ　公儀江難差上存右之使者引取重而刑部大輔方より可申談与届仕置右使者帰国申付候此儀彼国より何角異難申儀虚実者不慥候得共根有之儀ニ御座候去々年竹島ニ而被召捕候朝鮮人帰国仕候而書付を以公儀江申達候者此儀江戸之御心ニ而無之候対馬より江戸江之

返簡に変更するような事は出来ない。そのような異議を唱えて参りました。そこで[こちらから]もしそうであれば、除く事ができない道理を明らかにするよう申し入れ[あちらとの間に]何かと論談がございました。そこに対馬守の死去と言う出来事が起こりました。そのため、死人を宛先とする返簡では、公儀へ差し上げる事は難しく思い、右の使者を[一旦]引き取り、再度、刑部大輔(宗義真)の方から[改めて]交渉を行いたいと[あちらに]届け置き、右の使者に帰国を申し付けました。このような経過に至っておりますが、あちらの国からは、何かと異議を申して参ります。虚実は定かではありませんが、何か根に持つような事が有るようでございます。去々年(元禄六年)竹嶋に於いて召し捕らえられた朝鮮人が、帰国した後、書付を以て[朝鮮の]公儀へ報告を行ったようでございます。その報告ではこの竹嶋の一件は、江戸の[公儀の]御心では無く、対馬から江戸へ向けた[意図的な御奉公]であり、

반한으로 변경하는 것과 같은 일은 할 수 없다. 그러한 이의를 말해 왔습니다. 그래서 [이쪽에서] 만일 그렇다면 삭제하는 일을 할 수 없는 도리를 분명히 하도록 하라고 요구하여 [저쪽과] 여러 가지를 논담하였습니다. 그럴 때 쓰시마노카미가 사거하는 사건이 일어났습니다. 그 때문에 죽은 자를 수취인으로 하는 반한을 장군에게 올리는 일이 어렵다고 생각하고, 위의 사자를 [일단] 철수시켰다가 다시 교우후 타유우(소우 요시자네) 쪽에서 [다시] 교섭을 행하고 싶다는 뜻을 [저쪽에] 전하고, 위의 사자에게 귀국을 명했습니다. 이러한 경과에 이르렀습니다만, 저쪽 나라에서는 무언가 이의를 말합니다. 허실은 분명하지 않습니다만 무엇인가 근거를 가지고 있는 것 같습니다. 재작년(겐로쿠 6년)에 죽도에서 붙잡힌 조선인이 귀국한 후에 서부로 [조선의] 관리에 보고를 한 것 같습니다. 그 보고는 이 죽도일건이 에도의 [장군의] 뜻이 아니라 쓰시마가 에도를 위해 [의도적인 봉공]으로,

忠兵衛ニ申上候ハ　仕掛ニ候ニ付唯今御渡候
様之儀被仰渡候ニ付召捕候ハ、即刻江戸表へ被遣
江戸ニ而も由比候ニも竹島之儀朝鮮之地ニ候
ハを被為入召捕候ニ被成不調法ニ存候
右様之召捕ニ而者　不遂糺明ニ付候得
様之儀を於江戸表朝鮮之地ニ付候長崎
も送遣候ハ於長崎　對馬役人方へ請取候と
召捕人之様　仕候而もは能々申含候を
之儀之ニ　事之変も可有之　仕方も御座候ハ

忠節ニ申上候而仕掛候儀ニ而御座候子細者我々儀竹嶋ニ而召捕候而即刻江戸へ連越候処江戸ニ而之御吟味ニ者竹島之儀朝鮮之地ニ而候を彼国之者召捕参候儀不調法之由ニ而右我々召捕候者共早速斬罪ニ被仰付候我々儀者於江戸殊外御馳走被仰付長崎江被送届候於長崎対馬役人方江請取段々与召捕人之様ニ仕候而被送帰候与申達候を　公儀ニも実ニ受候而之仕方与伝承り候

忠節に基づき仕掛けた[作為の]出来事だと言う事でございます。その子細[を述べれば]我々[朝鮮人二人]が竹嶋にて召し捕らえられ、即刻江戸へ連行された時、江戸での御吟味では、竹嶋は朝鮮の地であるのに、彼の国の者どもを召し捕って参った。これは不調法な事であるゆえ、右の我々[朝鮮人二人]を召し捕った者どもは早速斬罪にと、そのような御命令が下されました。我々は江戸に於いて、殊の外、御馳走にあずかり、長崎へ送り届けられました。長崎に於いては、対馬の役人方へ請け渡しがあり、ここから色々と、召し捕り人(犯罪者)のように扱われ[やがて朝鮮に]送り帰されましたと、このような報告を致したようでございます。[あちらの]公儀でも、まことにそうであったかと受け止められ、伝わっているように承っております。

충정에 근거하여 저지른 [작위의] 사건이라고 말하는 것입니다. 그 자세한 것을 [이야기하자면] 우리들 [조선인 둘]이 죽도에서 붙잡혀, 즉각 에도로 연행되었을 때, 에도에서 조사할 때, 죽도는 조선의 땅인데 그 나라 사람들을 붙잡아 왔다. 이것은 불법적인 일이기 때문에, 위의 우리들 [조선인 둘을] 붙잡은 자들은 빨리 참죄시키라고, 그러한 명령이 내렸습다. 우리들은 에도에서 의외로 대접을 잘 받다가 나가사키로 보내졌습니다. 나가사키에서는 쓰시마의 역인들에게 양도되었고, 이때부터 모든 것이 체포된 사람(범죄자)처럼 취급되다가 [결국 조선에] 송환되었습니다 라고, 이와 같은 보고를 한 것 같습니다. [저쪽의] 조정에서는 정말로 그랬다고 받아들인 상태로 전해진 것으로 듣고 있습니다.

之被申候倭人共方佐者之御法仕候内ニも
粗太く頭中出候共難きい備之形ニ候ニ
東寺相朝鮮ニ申候只今南方一両方之
中山宮を存候ニ内乱朝夕之變ニ付入申し
使者を遣り申し積り諸侯之実代日く寄申
内ニ候御給知申し之支ニも中之一変ニ仕候
共者を一人ニ而職候多ク差免角共今し
皆之者ニ至る不相済候而ニ付候而之ニ
中々相放之朝鮮向申候ハ大事之丸之延り

尤彼国之役人此方使者与論談仕候内ニも粗右之趣申出候此疑を以偏ニ承引不仕様ニ奉存候扨朝鮮国之儀只今南方西方与申党を立候而内乱朝夕之事ニ候故今日之仕置者翌日与替り諸役之交代日々有之由御座候然故外国之事ニ而も中々一決不仕候此節者一入不埒成儀多御座候兎角ニ只今之勢ニ而者早速可相済儀共不被存候兼而申上置候様ニ朝鮮向之儀ハ大小事共ニ延引

やはり彼の国の役人たちが、こちらの使者と論談を行う折、あらまし右のような趣旨を[こちらに]申し出て参ります。このような[対馬の作為という]疑いを以て、[こちらに対処致しておりますゆえ]偏えに[公儀におかれましては、そのような対馬の作為を前提としたあちらからの申し入れについては]承引なさらぬよう、お願いを致します。さて朝鮮国の事でございますが、只今のところ南方(南人派)と西方(西人派)と申す党派を立てて、互いに内乱(政争)が朝夕の事でございます。それ故、今日の仕置きは翌日にはもう替ってしまい、諸役の交代は日々これ当然のごとく行われている事情がございます。そのようでございますので、外国の事に於いても、中々方針が決定できず、最近では殊に不埒な事が多く起こっているようでございます。兎にも角にも、只今の[あちらの国の]情勢では[今回の交渉が]早速にもはかどり済むようには、到底思えないのでございます。かねてから申し上げて置いたように、朝鮮向きの事は、事の大小に関わらず全てが延引

역시 그 나라의 역인들이 이쪽 사자와 논담을 할 때, 대개 위와 같은 취지를 [이쪽에] 말해옵니다. 이와 같이 [쓰시마의 작위라고 하는] 의심을 가지고 [이쪽에 대처하고 있기 때문에] 오로지 [장군으로서는 그러한 쓰시마의 작위를 전제로 한 저쪽의 요구에 대해서는] 승인하지 마실 것을 원합니다. 그런데 조선국의 일입니다만, 지금 현재로는 남방(남인파)과 서방(서인파)라는 당파를 만들어 서로 다투는 내란(정쟁)이 자주 일어납니다. 그렇기 때문에 오늘의 결정이 다음날에 다시 바뀌게 되고, 제역의 교대는 매일 같이 당연하게 이루어지고 있는 사정입니다. 그렇기 때문에 외국의 일에 대해서도 좀처럼 방침을 결정하지 못하고 최근에는 특히 이상한 일이 많이 일어나고 있는 것 같습니다. 어쨌든 지금 [저쪽 나라의] 정세로는 [이번의 교섭이] 신속히 진행되어 끝날 것이라고는 도저히 생각할 수 없습니다. 전부터 말씀드렸듯이, 조선에 관한 일은 일의 대소와 관계없이 모든 것이 지연

仕事而已ニ而御座候故此節之儀隔心無之様ニ

御様ニ而只今言上可仕事ニ候得とも何分被存候

大切ニ存候而延引仕候一事を不存様ニ候得共

御座候て今之御身ニて刑部大輔方ゟ使者被差遣候

但馬猶更様ニ仕合重而被仰候ハヽ猶以修補

候而者刑部大輔ニも難仕候ニ御座候事

仕事国風ニ而御座候此節之儀弥以急ニ埒明候様ニ被思召上候而者事ノ敗ニも可罷成哉与大切ニ奉存候延引仕候一事を不苦様ニ御了簡も御座候ハヽ今度又々刑部大輔方より使者差渡候而宜返翰遣候様ニ仕度奉存候急ニ与被仰付候而者刑部大輔了簡も難仕儀ニ御座候事

となることは、その国風でございます。この節の事(竹嶋一件)は、いよいよ以て、急ぎ御決着をと、お考えなさったならば[この交渉]事は失敗に繋がることでございましょう。ここは大切に思うところでございます。延引に至っております一事を、悪くは無い事であると御理解いただければ[宜しいかと存じます。] 今度、又々刑部大輔方から使者を[あちらに]差し渡します。その[交渉の]上で、宜しい返翰を[こちらに]遣わすように致したいと思います。しかし急ぎ解決するようにと、そのような御命令があれば[それに対し]刑部大輔は、その御意向に添う事はなかなか困難であると、そのように思っている所でございます。[公儀へ向けては、このような文言で如何でしょうか。]

되는 것은 국풍입니다. 이때의 일(죽도일건)은, 더욱 서둘러 해결하려고 생각하셨다면 [이 교섭의] 일은 실패로 이어지겠지요. 이것은 중요하게 생각하는 일입니다. 지연되어 있는 이 일을 나쁘지는 않은 일이라고 이해하여 주시면 [좋을 것으로 생각합니다.] 이번에 또 교우부타유우 쪽에서 사자를 [저쪽에] 건너 보냅니다. 그 [교섭의] 결과 좋은 반한을 [이쪽으로] 보내게 하고 싶다고 생각합니다. 그러나 서둘러 해결하도록 하라고 하는 그러한 명령이 있으면 [그것에 대해] 교우부타유우가 그 의향에 따르는 것은 참으로 곤란하다고 그렇게 생각하고 있는 바입니다. [장군에게는 이러한 문언이 어떠할까요.]

一竹嶋之儀日本ニ属し候様ニ被仰遣候得とも
前之書ニ有之通之儀ニ候間相改ニ不及
答ニ別ニ被遣候之書簡三通之写懸御目候

一 竹島之儀日本之属嶋与存候証拠私手前ニも有之候故右之返翰差返し急度相改候様ニ申募候則右証拠之書契三本之写掛御目候与

一 竹嶋は日本の属嶋であると、そのように思う証拠を、私は手元に持っております。それゆえ右の返翰を差し返し[朝鮮に向けて]必ず改めるようにと、強く言い掛けるべきでございます。すなわち右証拠の書契三本の写しを[公儀へ]御目に掛けますと、

1. 죽도는 일본의 속도라고 그렇게 생각하는 증거를 제가 가지고 있습니다. 그렇기 때문에 위의 반한을 돌려보내며 [조선에] 반드시 고치도록 하라고 강하게 요구해야 합니다. 즉 위의 증거가 되는 서계 3본의 사본을 [장군에게] 보여 드리면

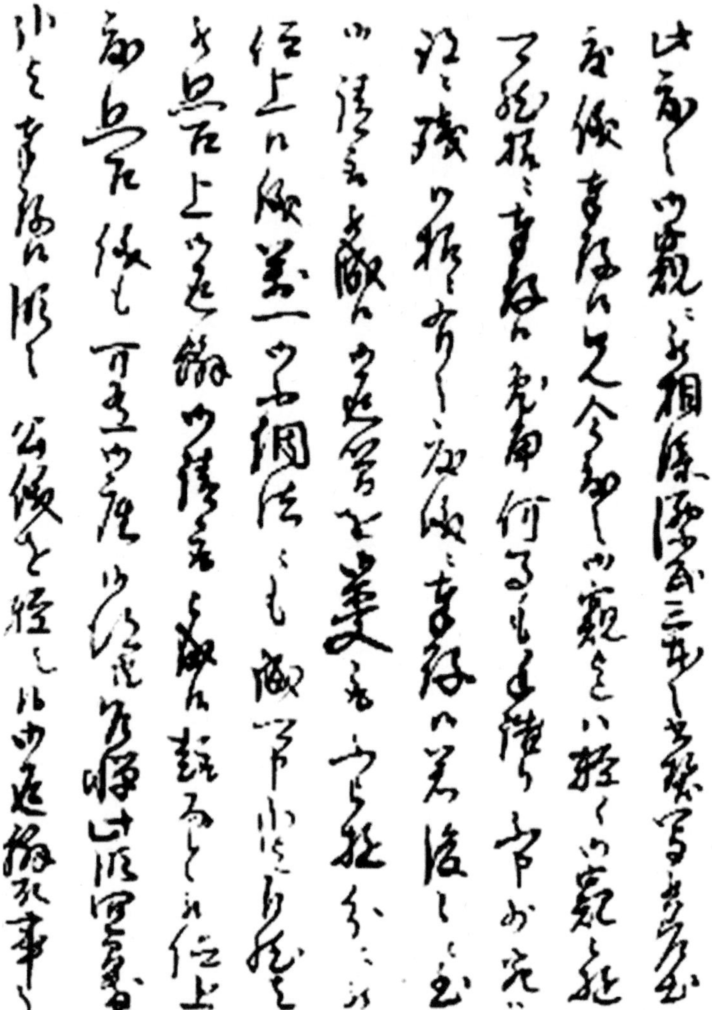

此度之御窺ニ被相添漂民三本之書契写被差出度儀奉存候先今度之御窺迄ハ軽く御窺被遊可然様ニ奉存候兎角何事も手詰り不申少宛ハ跡ニ残候様ニ有之度儀ニ奉存候若後々ニ至　御請取被成候御返簡を御受取不被遊分ニ被仰上候儀万一御不調法ニも成可申哉与自然与被思召上御返翰御請取被成候趣なと被仰上度思召儀も可有御座候得共乍憚此段宜間敷哉与奉存候段々　公儀を軽シ候御返翰故事之

この度の御伺いに際し[申し上げ、そこに]相添え、漂民三本の書契の写しを差し出されるべきでございましょう。先ずは今度の御伺い迄は、軽い[扱いで]御伺いをなさり[ほどほどの]適当な報告でよいと存じます。[ありのままを、そのままお伝えしては、不調法と咎められてしまいます。]兎にも角にも[朝鮮との交渉は気長に考え]何事にも手詰りにならず、少し宛は跡に残るよう[取っ掛かりを残して]対処したいものでございます。もし後々に至って、御請け取りに成った御返翰を、御受け取りに成っていないように報告したいと思われた時、万一にも不調法に成るようなことが無いよう[予め手立てを講じて]おかなければなりません。そこで自然とお考えになられることは[後々]御返翰を御請け取りに成られる[場合を考え、その]趣旨などを[予め公儀に]御報告し[この際、同意を得ておこう]と、そのようにお考えになるかもしれません。しかし憚りながら、そのような事は宜しく無いと思います。色々と公儀を軽んじている御返翰であるため、事が

이번에 질문할 때에 [말씀드리고, 그것]과 같이 표민의 서계 세 통을 제출해야 될 것입니다. 우선 이번의 질문까지는 가벼운 [말로] 질문하시어 [어느 정도] 적당한 보고로 좋다고 생각합니다. [있는 그대로를 전달하면] 좋지 않다는 책망을 듣고 맙니다.] 어쨌든 [조선과의 교섭은 느긋하게 생각하고] 어떤 일이든 궁지에 빠지지 말고, 조금 여유가 뒤에도 남도록 [빌미를 남겨두며] 대처하고 싶은 것입니다. 만일 후일에 이르러, 청취하게 된 반한을 받지 않은 것처럼 보고하고 싶다고 생각했을 때, 만일이라도 곤란하게 되는 일이 없도록 [미리 수단을 강구하여] 두지 않으면 안 됩니다. 그래서 자연스럽게 생각되는 것은 [후일에] 반한을 청취하게 될 [경우를 생각하여 그] 취지 등을 [미리 장군에게] 보고하여 [이때 동의를 얻어 두려]고 그렇게 생각하실지도 모릅니다. 그러나 황송합니다만 그러한 일은 좋지 않다고 생각합니다. 여러 가지로 장군을 가볍게 보는 반한이기 때문에 일이

殊しても 其ニ而御座候段 尤ニ候得共 倭館ニ而別
役同ニ朝鮮人ニ対シ為仕 不届之至ニ候 私儀ハ 聞召
而御下知之上ハ 御役者 仕方無之 存其上 海を
公儀之御威光を以 被為 大切ニ 思召 之儀 ニ御座候由 申
上候ニ付 御役 相勤 不届之上 御 公儀 以上ニ
相守 候事を 以 大切ニ 被為 存候 公儀 へ 御 外之 所ニ而
道理 立 申 候様ニ 可 仕 事

敗レにも決而可罷成与使者了簡仕候而即刻役目之朝鮮人ニ上封為仕不請取分ニ而和館江残置取帰り不申候此儀使者仕方尤与存其上海を不越書簡ニ候得者右之返翰之儀御案内不申上候ケ様之儀私職分之了簡与奉存候此上なから私了簡違与被思召上候者不及力候与被仰聞候ハヽ道理立候様ニ奉存候事

破綻する事も決して無いわけではありません。[いやむしろ大いに有ることでございます。] そのような事でありますから[以前の]使者[多田与左衛門殿]は考えを廻らせ、即刻、役目の朝鮮人に[開封した御返翰を]上封させ、請け取らぬ分にして和館へ残して置きました。すなわち[御国へ]持ち帰る事はしなかったのでございます。この事は、使者の対処の仕方としては、尤もの事と思います。その上、海を越さぬ書翰でございますので、右の返翰の事は[公儀へ]御報告を上げる必要は無いものと[判断されます。すなわち使者にして見れば]このような事は、私個人の職務権限[の範囲内で、自由に処理できるもの]だと思っております。そのような考えの上で[書翰の扱いを]行っておりました。だが[なお事態は厳しく、今に至るも解決に至っておりません。その宜しくない結果を公儀が咎め]使者個人の考え違いであると[もしも]お考えになられるようであれば[使者としての私の]力が及びませんでしたと、そのように[使者が詫びの]報告をすれば、道理が立つようにも思います。

파탄하는 일이 절대 없는 것은 아닙니다. [아니 오히려 많이 있을 수 있는 일입니다.] 그러하기 때문에 [이전의] 사자 [타다 요자에몬 토노]는 여러 가지를 생각하여 즉각 상대방 역할의 조선인에게 [개봉한 반한을] 다시 봉하게 하여, 청취하지 않은 것으로 해서 화관에 남겨두었습니다. 즉 [쓰시마로] 가지고 돌아오는 일은 하지 않았던 것입니다. 이 일은 사자가 대처하는 방법으로는 당연한 일이라고 생각합니다. 그렇게 해서 바다를 넘어오지 않은 서간이기 때문에, 위 반한의 건은 [장군에게] 보고할 필요가 없는 것이라고 [판단됩니다. 즉 사자의 입장에서 보면] 이러한 일은 저 개인의 직무권한[의 범위 내에서 자유롭게 처리할 수 있는 일]이라고 생각하고 있습니다. 그러한 생각으로 [서한의 취급을] 행하고 있었습니다. 그러나 [아직도 사태는 엄하여 지금까지도 해결되지 않았습니다. 그 좋지 않은 결과를 장군이 책망하며] 사자 개인의 잘못된 생각이라고 [혹시라도] 생각하실 것 같으면 [사자로서의 저의] 능력이 미치지 않았습니다 라고, 그렇게 [사자가 용서를 비는] 보고를 하면 도리는 선다고 생각합니다.

一

右之趣ニ而宜敷与存候　御隠居様江可申達

何様ニ茂ニし而事ニ候ハヽ使者を以可被仰遣候

一　右之通之御窺ニ而弥　御隠居様より被仰遣候様ニ与之御事ニ候ハヽ御使者即刻可被差渡事

一 右の通りの御伺い[の段取りで公儀へ報告を上げ、その了解を得て]いよいよ御隠居様から[朝鮮へ再度の]申し遣わしの御指示をお下しになればよいと思います。そして御使者を[再び、あちらへ]即刻差し渡されるよう、なさるべきでございます。

1. 위와 같이 여쭙는 [준비를 하고 장군에게 보고를 올려, 그 양해를 얻어] 결국 은거하신 분이 [조선에 다시] 전달하는 지시를 내리시면 된다고 생각합니다. 그리고 사자를 [다시 저쪽에] 즉각 건너갈 수 있도록 하셔야 한다고 생각합니다.

一
朝鮮江之仕掛ニ而候哉、御尋も可有之候ハヽ
候ニ者日本へ差留候儀ニ而、罷越候儀可有御座候、
申候ハ、手ニ附不申、障り無之、只今相抱
難申上候、無之候由とても、遣し不申候て
況常体之人不罷通事ニは無御座候
大小之不限一分之了簡ニ而不罷通申候て
一手前之人之申付ニ而相断候之一の仕候
申候ハ、御百之一ツも不罷通義一分も罷成
渡海いたし候者不届候ニ付、後々迄も不罷通様ニ

一　朝鮮江之御仕掛之儀御使者尤必死ニ相極り候様ニ奉存候乍然必死之道筋色々可有御座事ニ奉存候其時所之勢イ次第ニ候得者一々只今相極難申上候惣而賢才之上ニ而も過り者不免候得者況常体之人了簡違者有之事ニ候国家之事大小ニ不限一分ニ引請候而若了簡違御座候ハヽ其者壱人之咎ニ成候而相済様ニ可仕儀与奉存候百ニ一ツも了簡違ニ而一分も罪人ニ成剰ヘ国を誤候而後々迄も了簡詰り候様ニ

一　朝鮮への対処の仕方は、御使者が殊に懸命必死に務めようとしていることは承知致しております。だがその必死の道筋は色々で御座います。その時、その場所、その場合によって、その勢いは異なります。その一つ一つ[の違いを]只今[見極めようとしても、変化に富み]とても見極め難いものでございます。[それゆえ対処の仕方は難しいのでございます。]　およそ賢才であっても、そこに過失が起こるのは免れ難いものであり、ましてや常体の人であれば[なおさらのことで]考え違いが起こるのは当然の事です。[それゆえ対策として]国家の事は大小に限らず、その職責に[責任を持たせ]引き請けさせ[分担させ]ておくべきでございます。もしも手違いや考え違いが起こっても、その[職責にある]者一人の咎で済む様にしておくべきであります。百に一つも考え違いがあり、それによって[過ちが起これば]その職責にある者が、ここでは罪人と成ります。そればかりか国を誤る事態にも立ち至り、後々迄も思案に詰る様な

1. 조선에 대처하는 방법은 사자가 특히 목숨을 걸고 필사적으로

임하려고 하는 것은 알고 있습니다. 그러나 그 필사의 방법에는 여러 가지가 있습니다. 그때, 그 장소, 그 경우에 따라 그 기세가 다릅니다. 그 하나하나의 [차이를] 지금 [규정하려고 해도 변화가 많아] 도저히 규정하기 어려운 것입니다. [그래서 대처하는 방법이 어려운 것입니다.] 대체로 현명한 인재라 해도 그것에 과실이 생기는 것을 피하기 어려운 일로, 하물며 보통 사람이라면 [더더욱] 착오가 생기는 것은 당연한 일입니다. [그렇기 때문에 대책으로 해서] 국가의 일은 대소를 가리지 않고 그 직책에 [책임지고] 맡게 하여 [분담시켜] 두어야 합니다. 만일 실수나 착오가 생겨도 그 [직책에 있는] 자 한 사람을 책망하여 끝낼 수 있도록 해두어야 합니다. 백에 하나라도 착오가 있어 그것으로 [잘못이 생기면] 그 직책에 있는 자가, 이때는 죄인이 됩니다. 그것만이 아니라 나라가 잘못된 사태라도 되면 훗날까지도 걱정해야 하는

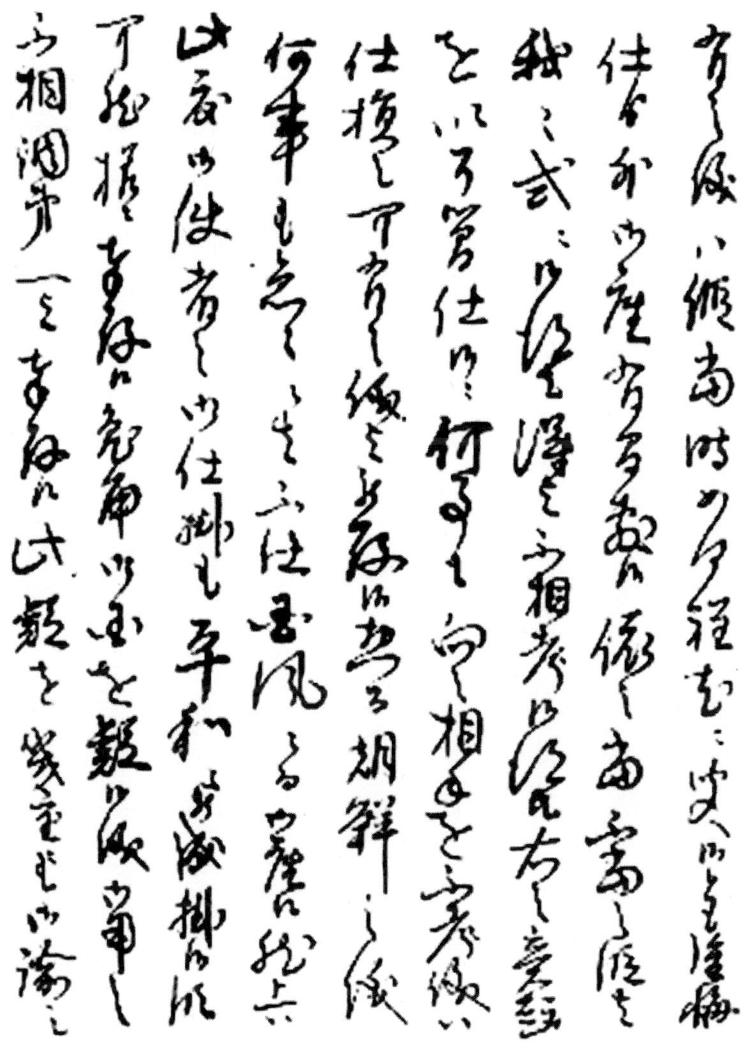

有之儀ハ縦当時如何程尤ニ聞へ候とも後悔仕より外御座有間敷候依之当不当之段者我々式ニ候得者得与不相考候得者右之意趣を以了簡仕候ニ何事も向之相手を不考儀ハ仕損シ可有之儀与被存候惣而朝鮮之儀何事も急々ニ者不仕国風ニ而御座候然上ハ此度御使者之御仕掛も平和ニ被成掛候段可然様ニ奉存候兎角御国を疑候儀御用之不相調第一与奉存候此疑を幾重ニも御諭シ

事が起これば、たとえその当時、どれほど尤もに聞こえても[結局、過ちであった事になり、その職責にあったものの考え違いであったという事になります。その場合]後で後悔するしか、外に手はありません。このような事でございますので[その対処の仕方が]当か不当かという判断は[実際には難しいものでございます。後になっても、なお判断のつかない場合さえもございます。それよりもその対処の仕方が]我々の[取り決めた]方式に則り行われたかどうか[つまり職責に従い、正しくことが行われたかどうか]それを、よくよく念を入れ、考えて見なければなりません。右のような[公正な]考え方を以て仕事をしなければ[独善的になってしまい]何事でも向き合う相手の事を考えず[つい]行ってしまいがちになります。[その結果]仕損じてしまうような事も[充分に]有り得ます。およそ朝鮮の事情は、何事も急いでは行わない国風でございます。そうであるならば、この度、御使者の遣り方は[あちらに対し]平和に[穏やかに、そしてゆっくりと]成り掛けて行かれるのがよいと存じます。[そして同意を取り付ける努力をするのがよいと思います。]　兎も角も[あちらは]御国(対馬)に対し不信感を持っていて、それが御用の調わぬ第一の理由でございます。この疑いを幾重にも御諭し

일이 생기면, 설령 그 당시 어느 정도 당연한 일로 들려도 [결국, 실수였던 것이 되어, 그 직책에 있었던 자의 잘못된 생각이었다고 하는 일이 됩니다. 그럴 경우] 후에 후회할 뿐 다른 방법이 없습니다. 이와 같은 일이기 때문에 [그 대처하는 방법이] 옳은가 옳지 않은가 라고 하는 판단은 [실제로는 어려운 일입니다. 훗날이 되어도 판단되지 않는 일조차 있습니다. 그것보다도 그 대처 방법이] 우리들이 [정한] 방식에 따라 이루어졌는가 어떤가 [즉 직책에 따라, 바르게 일이 행해졌는가 어떤가] 그것을 잘 유념하여 생각해 보지 않으면 안 됩니다. 위와 같은 [공정한] 사고를 가지고 일을 하지 않으면 [독선적으로 되고 말아] 어떤 일이고 마주하는 상대를 생각하지 않고 [그저] 행하여 버리기 쉽습니다. [그 결과] 실패해 버리는 일도 [충분히] 있을 수 있습니다. 대개 조선의 사정은 어떤 일이고 서둘러서 행하지 않는 것이 국풍입니다. 그러하기 때문에 이번에 사자가 취해야 하는 방법은 [저쪽에 대해] 평화롭고 [부드럽게, 그리고 천천히] 추진해 나가는 것이 좋다고 생각합니다. [그리고 동의를 얻으려고 노력을 하는 것이 좋다고 생각합니다.] 어쨌든 [저쪽은] 쓰시마에 대한 불신감을 가지고 있어 그것이 용건이 해결되지 않는 가장 큰 이유입니다. 그 의심을 몇 번이고 설명을

仕方を以感通仕候ハヽ相背候ても不届相辨
人ニ而も無之候旨事故ニ而御座候共終ニも
疑を催置き候迄猶一往使ニ而差遣候故猶疑を
晴し候様仕掛候儀ニて茂可有之候処平和ニ
可成識掛候所疑心解ケ申ニ付若又向後ニ茂在
候て事務ニ而甚上ニ而ハ之候ニ仕掛候而も御無心
難も強候ヘハ

仕方を以感通仕候様ニ有之候ハヽ木石之朝鮮人ニ而も無之候間事敗レ不申候共終ニ者疑を晴宜キ御返翰可仕哉与奉存候偏ニ疑を晴候様仕掛候儀第一之所ニ候得者平和ニ被成掛候段疑心解ケ申道数多可有御座哉と奉存候其上跡々迄御仕掛之道筋如何程も残候事

をして[改善を図り]信頼感を通わせるようにして行けば、もとより木石の[ような無感情の]朝鮮人では無い筈ですので、交渉が破綻するような事にはならず、最後には疑いも晴れ、宜しい御返翰が下って来る事と思います。ひたすら疑いを晴らす様に仕掛ける事が、第一に行う対処の方法でございます。そして[互いの間が]平和に成るように申し掛けて行けば[あちらの]疑心も解け[交渉の]道筋も数多く広がって行く事と思います。その上で後々まで[なお疑念を晴らす]御仕掛けを[なおも続けなければならないというような]道筋は、もうどれほど残っている事でしょうか。[そう多くは無い筈でございます。]

하여 [개선을 꾀해] 신뢰감을 얻을 수 있도록 해나가면 원래 목석 [같은 무감정의] 조선인이 아닐 것이므로, 교섭이 파탄되는 것과 같은 일이 되지 않고, 결국에는 의심도 풀려 좋은 반한이 내려올 것으로 생각합니다. 한결같이 의심이 풀리도록 하는 일이 가장 먼저 취해야 하는 대처 방법입니다. 그리고 [서로가] 평화가 이루어지도록 요구해 가면 [저쪽의] 의심도 풀려 [교섭의] 방법도 많이 생길 것으로 생각합니다. 그리고 훗날까지 [계속해서 의심을 푸는] 일을 [그치지 않고 해가지 않으면 안 된다고 하는 것과 같은] 일은 과연 어느 정도나 남아있는 일일까요. [그렇게 많지 않다고 생각합니다.]

一
只今迄之通ニ而御掛合被成候ハゝ何方迄も候
道理之論ニ而事済可申候哉 疑心を解候而和
睦之根元を生し候ハゝ 交隣之好向帰無御隔意候と
之存候以後を計知申度 議論ニ御座候

一 只今迄之被成掛今度之御仕方乍不及茂道理之立候様ニ奉存候得共疑心を解キ候所薄キ様愚生故にや被存候勿論委細前後を不考候得者計知候事難成候事

一 只今迄の成され方や、この度の御仕方は、十分では無いながらも、道理の立つ事である様に思います。だが[あちらの]疑心を解くには、まだ[力が及ばず、その効果が]薄弱な様にも思います。そのように思うのは、私が愚かであるからでしょうか。勿論、ことの委細や、ことの前後を考えぬ事からでしょうが[私では]計り知る事ができないものがあるからでございましょう。

1. 바로 지금까지의 하신 방법이나 이번의 방법은 충분하지 않으면서도 도리에 맞는 일이라고 생각합니다. 그러나 [저쪽의] 의심을 풀기에는 아직 [효과가 미치지 않아 그 효과가] 박약한 것으로 생각합니다. 그렇게 생각하는 것은 제가 우둔하기 때문일까요. 물론 일의 자세한 내용이나 일의 전후를 생각하지 않았기 때문이겠지만 [저로서는] 미루어 알 수 없는 일이 있기 때문이겠지요.

一 朝鮮之仕掛ハ漂民三人を出し候而
申達ハ[illegible]此三度ニ[illegible]重候[illegible]
公儀ニ[illegible]有之候趣之[illegible]通候
[illegible]ハ[illegible]申候後[illegible]
[illegible]ハ[illegible]之[illegible]申候
一ゝ此對州ニ[illegible]有之[illegible] 公儀掛
[illegible]有之[illegible] 之[illegible]候
此漂民三人ニ[illegible]相違[illegible]

一　私存寄之仕掛ハ漂民三本之書を出候而可申達ハ以前此三通之書簡被遣置候故則　公儀江茂控有之候然者先使請取置候返簡之意趣とハ格別ニ候前後貴国之御申分ケ聞へ不申候扨初度之返翰之儀一たひ対州江参候得者右之写　公儀江掛御目候とかく右之三返翰ニ而者不相済儀ニ而候

一 私が思うところの仕掛けは、漂民三本の書を[公儀へ]お出しする事です。以前、この三通の書簡は報告しておりますので、公儀に御控えが有ると存じます。そうであるならば、先の使者が請け取り置いた返翰の意味は格別でございます。[それを承けて、あちら朝鮮へ申し伝えることは、以下のような事でございます。]前後にわたる貴国の御申し出について[検討を致しました。だが]そのお申し出の分を、お聞き入れするわけには参りません。さて初度の返翰の事に就いてですが、一旦、対州へ持ち戻り[その後]右の返翰の写しを公儀へ御目に掛けました。[すると]ともかくも右の三本の書簡[が根拠となり、このような今回の返翰では]相済まぬ事になりました。

1. 내가 생각하는 방법은 표민과 관계되는 세 통의 서를 [장군에게] 제출하는 것입니다. 이전에 이 세 통의 서간은 보고하여 두었으므로 장군이 보관하고 있는 것이 있을 것으로 생각합니다. 그래서 앞의 사자가 받아 두었던 반한의 의미는 각별합니다. [그것을 받아서 저쪽 조선에 말을 전하는 일은 이하와 같은 일입니다.] 전후에 걸친 귀국의 요구에 대해 [검토하였습니다. 그러나] 그

요구사항을 받아들일 수는 없습니다. 그런데 처음의 반한에 관한 일입니다만 일단 쓰시마로 가지고 돌아가 [그 후에] 위 반한의 사본을 장군에게 보여 드렸습니다. [그러자] 어쨌든 위 세 통의 서간[이 근거가 되어, 이와 같은 이번의 반한으로는] 해결되지 않게 되었습니다.

此際三ケ年之学問之為ニ相違無之一夜ニ
公儀ニ掛り候目出度写し六ツ敷ニ相違仕候様ニ
少々学問之為ニ死し候程之者ハ少なく
無之候様存し候て　彼者ハ如何にても存候
死を以諭し申候　勘弁致し候段誠ニ申候様

此漂民三本之書簡之旨ニ相違無之一度ニ　　公儀江掛御目置候写之意趣与相応仕候様ニ御了簡被成両国之道理立候返翰ニ御改可被下候左様無之候而者使者いつまても不罷帰死を以諭シ申至極ニ而罷越候趣ニ申募り

この漂民三本の書簡の趣旨[については、既に公儀の御承知のところで]その内容に相違はなく、それを[今回の返翰の写しと共に]一度に公儀へ御目に掛けました。[公儀の御意向は]この写しの内容と[三返簡の内容とが異なるので、それが]相応するようにとの事でございました。そのように仕る様にと、そのような御考えをお示しに成られました。[それゆえ]両国の道理が立つような御返翰に御改め下さいますよう[お願い申し上げます。]そうで無くては[公儀の意向を受けた]使者は、いつまでも帰ることができず、死を以て[抗議し、貴国を]諭す事になる決まりです。[その自決の結果は]罷り越した趣旨を[そちらにいつまでも]申し募ることになり[紛争は拡大し、いよいよ両国は大事に及んでしまいます。]

이 표민에 관한 서간 세 통의 취지[에 대해서는 이미 장군이 아시는 일로] 그 내용에 틀림이 없어, 그것을 [이번 반한의 사본과 같이] 함께 장군에게 보여드렸습니다. [장군의 의향은] 이 사본의 내용과 [세 통의 반한 내용이 다르기 때문에 그것이] 상응하도록 하라는 것이었습니다. 그렇게 하도록 하라는 그러한 뜻을 나타내셨습니다. [그래서] 양국의 도리가 설 수 있는 반한으로 고쳐주실 것을 [부탁드립니다.] 그렇지 않으면 [장군의 의향을 받드는] 사자는 언제까지나 돌아갈 수가 없어 죽음으로 [항의하여 귀국을] 일깨우는 일이 된다는 결정입니다. [그 자결의 결과는] 말씀드린 취지를 [그쪽에 언제까지라도] 요구하게 되어 [분쟁이 확대되어 결국 양국의 큰일이 되고 맙니다.]

御相談可爲遂之轉到江戸ゟ候一之儀
候ゆへ御相談申掛日本金利分ニ被相願候
申募り候ゆへ猶又思案ニ被及御極之上ニ而可然
無案内之趣ニ御座候間相待候而此上之思案可被成候
申談候由是又[illegible]御座候ニ付[illegible]

扨朝鮮国了簡違之転到江戸等之儀一々改り不申候而不叶趣申掛日本全キ利分ニ成候様ニ申募り候而段々差寄取扱至極者先頃御好之草案之趣ニ認候様ニ仕候ハヽ此上者差而異儀不申改メ申事も可有御座様ニ奉存候事

さて[このようになれば]朝鮮国[にとって]了簡違いの[まさかの]転到[という事態になってしまうのではないでしょうか。] 江戸などから[武威の発動が考慮され、それを回避するため]一々[態度を]改めなければ叶わぬ事となります。そのような趣旨を[あちらにしっかりと]申し掛け[ここで]日本が全くの利分に成る様に申し募るべきで[ございます。]色々と[意見を]差し寄せ[交渉を]取り扱い、結局、先頃[から評定していたような]御好みの草案の趣旨に[御返翰を]したためる様に申し入れをなされればよいと思います。そのようにすれば、この上[あちらは]差して異儀を申す事なく、御返翰を改めて来る事も[十分に]有り得る展開だと思います。

그런데 [이렇게 되면] 조선국[에는] 예상 밖으로 [설마 하는] 사태로 전도된[다고 하는 사태가 벌어지는 것은 아닐까.] 에도 등에서 [무위의 발동이 고려되어, 그것을 회피하기 위해] 하나하나 [태도를] 고치지 않으면 안 되는 일이 됩니다. 그와 같은 취지를 [저쪽에 분명히] 이야기하여 [여기서] 일본이 많은 이익을 얻는 것처럼 이야기해야 [합니다.] 여러 가지로 [의견을] 모아 [교섭을] 하여, 결국 전[부터 논의하고 있었던 것과 같은] 바람직한 초안의 취지로 [반한을] 기록하도록 요구하시면 된다고 생각합니다. 그렇게 하면 이 이상 [저쪽은]

이의를 말하는 일 없이 반한을 고쳐서 보내는 일도 [충분히] 있을 수 있는 전개라고 생각합니다.

一　右之通ニ始り掛り候ハヽ幾重ニも下ゟ落候ハヽ其差略見ニ
相勝候ゟ先ニ候之延引ニ極仕候ハヽ必死斗略
甚以て浮ニ成時し必死ニ在ハ必死ニ仕方ニ在候
之人為死仕候ニ而命ニ一死格も可為一也存候
右ゟ上ゟ様ニ無之候而本之勝仕候今ヲか様ニ雖相勝ハ
大将ハ不覚も可有候而其己哉雖然己てはく
而仕掛ニ候ましく下様ニ必死ニ仕候所要ニ候
段々事

一 右之通ニ数日掛り幾重ニも可申談候若是非共ニ不相済候而先使之返翰之趣仕候而御名斗改遣候ハヽ弥此時之必死ニ而候必死之仕方正官使壱人病死仕候手筋ニ而可然勢も可有御座候右申上候様ニ其時所之勢イ只今より者難相極候大体ハ了簡も御座候得共書載難仕候只々跡々之御仕掛手つまり不申様ニ必死仕儀肝要ニ奉存候事

一 右の通りの事を、数日も掛けて[あちらに]幾重にも[繰り返して]申し伝えるべきであります。もしも、どうしても事の決着が付かず、先の使者[が申し入れたような]返翰[修正]の趣旨を受けても、ただ名目ばかりを改めて来るようであれば、いよいよこの時には、死にものぐるいで交渉をしなければなりません。その必死の仕方は、正官使一人が病となり死に至るほどの手筋で行われ、それ程の勢いで事に当たらねばなりません。右に申し上げた様に、その時、その所での勢いは[臨機応変さが要求されるため]只今この時点では[その道筋については]決め難いものがございます。大体のところ[私には]考えがございますが、それを[一つ一つ]書き載せ[具体的に表現することは、この今の段階では]難しいものがございます。只々、今後の御仕掛けが手詰まりにならぬよう[今後も]必死で取り組む必要があると存じます。

1. 위와 같은 일을 수일에 걸려서 [저쪽에] 몇 번이고 [되풀이해서] 전해야 합니다. 만일 아무리 해도 일이 해결되지 않고 앞의 사자[가 요구했던 것과 같은] 반한 [수정]의 취지를 받아도, 그저 명목만을 고쳐올 것 같으면 결국 이때에는 죽을 각오로 교섭을 하

지 않으면 안 됩니다. 그 필사의 방법은 정관사 한 사람이 병으로 죽음에 이를 정도의 방법으로 일을 진행하여, 그 정도의 기세로 일에 임하지 않으면 안 됩니다. 위에서 말씀드린 것처럼 그때 그곳에서의 기세는 [임기응변이 요구되기 때문에] 지금 이 시점에서는 [그 내용에 대해서는] 결정하기 어려운 것이 있습니다. 대체적으로 [저에게는] 생각이 있습니다만 그것을 [하나하나] 기록하여 [구체적으로 표현하는 것은 지금 단계에서는] 어려운 것이 있습니다. 다만 금후의 계획이 막히지 않도록 [금후에도] 필사적으로 노력할 필요가 있다고 생각합니다.

一 此方様鑑なと共ハ難成大変ニ而も無之事を
歴々様を相煩候ハヽ甚恐入候[illegible]
返答之儀ニ而候ハヽ以書状共ハ難仕儀ニも
無之事候ハヽ重く取掛り候而重キ儀も可有之
御座候軽く取掛り候而軽キ儀も御座候而[illegible]
候様ニ成候事共ニ付[illegible]上申候事

一 以前移館等之承引難成大事ニ而も年月を歴候得者相調候此度之儀者両国宜様之返翰迄之儀ニ候間極而承引難仕事ニも不奉存候重く被成掛候ハヽ重キ道も可有御座候軽く被成掛候ハヽ軽キ道も御座候而可相済儀与乍愚意右一々申上候事

一 以前のことですが、和館を[豆毛浦から草梁へ]移転する時[朝鮮の朝廷で]その御承引が大変に困難なことがありました。そのような成り難い大きな事でも[努力を重ね]年月を経てくれば[やがて]調うようになりました。この度の事も[辛抱強く努力を重ね]両国が宜しい様に、その返翰が整うようにする迄の事です。同様に極めて御承引が困難な事ではありますが[やがて時期がくれば]そのような仕り難い事でも、そうでは無い事になります。[あちらへの調整を]重く成り掛けたならば[それ相応の]重い道を辿るようになるでしょうが、軽微な事として[あちらへ]成り掛けたならば[あるいは]軽い道を辿る事で済むようになるのではないかと、愚かな私の考えですが、そのようにも思い、右の一つ一つについてを申し上げました。

1. 이전의 일입니다만 화관을 [모두포에서 초량으로] 이전할 때 [조선 조정에서] 그 승인이 아주 곤란한 일이 있었습니다. 그렇게 이루기 어려운 큰일도 [노력을 거듭하며] 연월을 보내면 [결국] 해결되게 됩니다. 이번의 일도 [끈기 있게 노력을 거듭하여] 양국에 좋도록 그 반한을 정리하게 해야 하는 일입니다. 마찬가지로 아주 승인이 곤란한 일이기는 합니다만 [언제인가 시기가 되

면] 그와 같이 하기 어려운 일이라도, 그렇지 않은 일이 됩니다. [저쪽에 조정할 것을] 엄중하게 요구했다면 [그것에 상응하여] 어려운 과정을 거치게 되겠지만, 경미한 일로 해서 [저쪽에] 요구했다면 [어쩌면] 가벼운 길을 걷는 일로 끝나게 되는 것 아닌가 라고 우둔한 저의 생각입니다만, 그렇게도 생각하고 위의 하나하나에 대해서 이야기했습니다.

一 内商買之儀留申候書文一ヶ事ニ候条
存分平和之上ニ而書文可被留置
可書候、右若御商買人於留置候者
御雑之儀下々も難申事

一 御商買等被差留候儀是又一大事之儀ニ奉存候平和之被成掛ニ候ハヽ是又不被差留候共不苦儀ニ候若御商買被差留候ハヽ以後如何様之御難ニ成可申も難斗候事

一 御商買(日朝貿易)等を差し留められる事は、是れ又、一大事の事でございます。平和の中で[御商買を続け、その上で返翰交渉を、あちらへ]成り掛けることが大切でございます。そのように[平和が維持され、御商買が]是れ又差し留められるような事が無ければ[少しも]苦しくは有りません。[そうではありますが]もしも御商買が差し留められるような事態が起これば、以後、どのような困難に立ち至るか[その影響の及ぼす所は]図り難いところがございます。

1. 상매(일조무역) 등을 금지당하는 일은, 이것 역시 아주 큰일입니다. 평화 속에서 [상매를 계속하며, 그 위에 반한교섭을 저쪽에] 요구하는 것이 중요한 일입니다. 그렇게 [평화가 유지되어 상매가] 역시 금지되는 것과 같은 일이 없으면 [조금도] 어렵지 않습니다. [그렇습니다만] 혹시라도 상매가 금지되게 되는 것과 같은 사태가 생기면 이후로 얼마나 곤란하게 될지 [그 영향이 미치는 것은] 계산하기 어려운 일입니다.

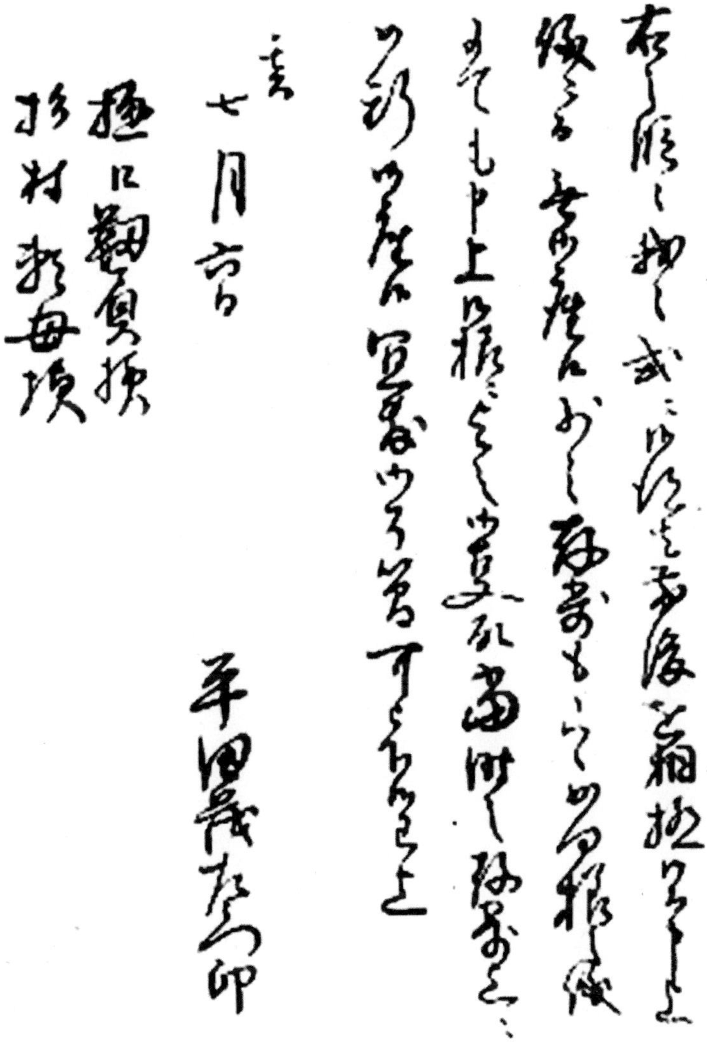

七月六日

平田隼人 印

右之段々我々式ニ候得者前後を相極候而申上儀ニ而無御座候少之存寄も候ハヽ如何様之儀にても申上候様ニ与之御事故当時之存寄迄ニ如斯御座候宜敷御了簡可被下候已上

亥

七月六日　　　　　　　　平田茂左衛門　印

樋口靭負殿

杉村頼母殿

右に掲げた種々の事柄は、我々の側だけの方式でございます。[あちらの側の事情を考慮に入れておりません。それゆえ]前後を決めて[確定的に]申し上げる事ではありませんが、少しばかり考えも有ったので[このように申し上げました。] どのような事でも申し上げる様にとの事でございましたので[かつて朝鮮で仕事をしていた]当時の経験をも踏まえ、このようなお話しを申し上げました。宜しく御了解下さい。以上でございます。

亥

七月六日　　　　　　　　平田茂左衛門

樋口靭負殿

杉村頼母殿

위에 든 여러 가지 내용은 우리 쪽만의 방식입니다. [저쪽 측의 사정을 고려에 넣지 않았습니다. 그렇기 때문에] 전후를 정해서 [확정적으로] 말씀드리는 일이 아닙니다만, 조금 생각이 있기 때문에 [이렇게 말씀드렸습니다.] 어떠한 일이라도 말씀드리도록 하라고 하는 일이었기 때문에 [과거에 조선에서 일을 하고 있었던] 당시의 경험을 포함하여 이와 같은 이야기를 말씀드렸습니다. 잘 이해하여 주세요. 이상입니다.

을해(겐로쿠 8년, 1695년)

7월 6일 히라타 시게에몬

히구치 유키에 토노

스기무라 타노모 토노

公義江御伺被成候事

一竹嶋之儀ニ付去年以来對馬守ゟ以書付申
上置候様朝鮮江申遣置候処
以之付之返翰重而相尋候ニ付去年使者差渡候処
右之返翰之趣別而相違仕竹嶋欝陵嶋
名異ニ而一嶋之名ニ候朝鮮之嶋ニ而申候由ニ候
日本人居渡候儀其後無用ニ申付候段以内々
對馬守差図ニ而被仰付候ハヽ死人ニ
宛ニ被成候　公儀被仰付候以相違無之

(36-10)

公儀江御伺被遊様之事

一　竹島之儀ニ付去年同氏対馬守以書付申上置候様ニ朝鮮国より之返簡難心得所御座候ニ付被認置候様ニ与申再使者を差渡候処ニ右之返簡之趣与格別相違仕竹嶋蔚陵嶋之名共ニ一嶋之名ニ而朝鮮之嶋之由申候此方よりハ日本之属嶋ニ其紛無之由段々申断候内ニ対馬守致病死候付仮令宜候而も死人ニ宛候返簡者　公儀江難差上候況相違多

(36-10)

[滝六郎右衛門からの書付]

公儀へ御伺いなさる仕様(方法)についての事

一[公儀への御伺いは以下の如き文言では如何でしょうか。すなわち]竹嶋の事に付いて[この度、御報告申し上げます。] 去年、宗対馬守(宗義倫)が書付を以て申し上げたように、朝鮮国から返翰がございました。それが心得難い内容でありましたので、したため直すように、再度、使者を[彼の国に]差し渡しておりました。そのような処に[この度]右の返翰の内容と格別に相違する返翰が戻って参りました。[その返翰の中には]竹嶋と蔚陵嶋の名があり、共に[同じ]一島の名を示すもので、それが朝鮮の島であると[あちらは]申しております。こちらからは[その島は]日本の属島に粉れも無いと、色々と主張をしておりましたが、その内、対馬守は病死してしまいました。この交渉において、たとえ宜しい内容が交わされていても、すでに死去してしまった人物に宛てた返翰では、公儀へ差し上げる事は憚られます。
況んや相違の多い

(36-10)

[로우로쿠에몬의 서계]

장군에게 여쭙는 방법에 대한 일

1. [장군에게 여쭙는 일은 이하와 같은 문언이 어떨까요. 즉] 죽도의 일에 대해 [이번에 보고드립니다.] 거년에 소우 쓰시마노카미(소우 요시쓰구)가 서부로 보고드린 것처럼 조선국이 보낸 반한이 있었습니다.] 그것이 이해하기 어려운 내용이었으므로 고쳐서 기록하도록 하라고, 재차 사자를 [그 나라에] 파견하여 두었습니다. 그러한 상황에서 [이번에] 위의 반한과 아주 다른 반한이 돌아왔습니다. [그 반한 중에는] 죽도와 울릉도의 이름이 있는데, 모두가 [같은] 1도를 나타내는 이름으로, 그것이 조선의 섬이라고 [저쪽은] 말하고 있습니다. 이쪽에서 [그 섬은] 일본의 속도임이 틀림없다고 여러 가지로 주장하였습니다만, 그러는 사이에 쓰시마노카미가 병사하고 말았습니다. 그 교섭에 있어 설령 좋은 내용이 오가고 있었다 해도, 이미 사거하고만 인물에게 보낸 반한을 장군에게 올리는 일은 꺼려집니다. 하물며 오류가 많은

廷江も御書請取候様ニ与申候ハヽ被申候
使者を差渡候処、館ニ差留、書を請取不申
申候ニ付、既ニ使者年々去ル使者彼地
出船いたし候ニ付、来年中迄役ヲ差留相成候
家之如御書与申日本ニ差上候之様ニ成紀
候処、疑問ニ付候、延義ニ及、朝之一ノ和交ニ
如是之紀も差上不及、外ニ紀も無ニ御座
存候ニ付、是迄之証文を相渡、仍而も是之際
不紀候之もの候其子細をも申上候ニ付候

返翰ニ而候間請取不申罷帰候様ニ重而私方より使者を差渡私ニ宛候返簡を請取せ可申由申遣頃日使者斗引取申候使者彼地出船之時分迄互ニ申募候趣別紙ニ相認此度之返簡之写同前ニ差上候与御書載被遊此度之疑問之書付并返答之次第迄一々和文ニ御直シ被遊被差上度御事之様奉存候乍然右之内返簡之注文被相渡候次弟者被差除可然哉与奉存候其子細者先日差上候書付ニ

書翰であれば[なおさらのこと、とても]請け取る事はできません。[そのまま]持ち帰る様にと[あちらに]伝え[返却し]重ねて私どもの方から[再び交渉のための]使者を差し渡しました。[新たな書簡を持参させ]私(宗義真)に宛てた[あちらからの新たな]返翰を[この使者に]請け取らせようとして、彼の地へ派遣いたしました。だが[そのような返翰を持ち帰る事なく]最近、使者ばかりが引き揚げてきました。使者は、彼の地を出船の時分まで[なお交渉を続け、あちらの担当者と]互いに[激しい]議論を重ねておりました。その議論の趣旨を、別紙に相したためております。それを、この度の返翰の写しと同様に[また公儀へ]差し上げる事に致します。
このように書面に御書き載せになり[公儀へ報告を行い、さらに今後の方針について、お伺いをすればよいと存じます。] この度の疑問四箇条の書付け、ならびに[あちらからの]返答の次第までを、一々和文に御直しになって[やはり公儀へ]差し上げられるのがよいと存じます。しかし右の内、返翰に対する[こちらからの]注文や、返翰を[あちらから]相渡された次第などは、差し除いて置くのがよいでしょう。その理由は、先日[公儀へ]差し上げた書付けの中に[すでに]

서간이라면 [더욱 그렇습니다. 도저히] 청취할 수 없습니다. [그대로] 가지고 돌아가도록 하라고 [저쪽에] 전하여 [반각하고] 거듭 우리 쪽에서 [다시 교섭하기 위한] 사자를 파견하였습니다. [새로 서간을 지참시켜] 저(소우 요시자네)에게 보내는 [저쪽의 새] 서간을 [이 사자에게] 청취하게 하려고 저쪽 땅에 파견하였습니다. 그러나 [그러한 반한을 가지고 돌아오는 일 없이] 최근에 사자만 철수하여 왔습니다. 사자는 그 땅을 출선할 때까지 [계속 교섭하여 저쪽 담당자와] 서로가 [격한] 의론을 반복하였습니다. 그 의논의 취지를 별지에 기록하였습니다. 그것을 이번 반한의 사본과 같이 [다시 장군에게] 바치는 것으로 합니다.

이렇게 서면으로 기록하시어 [장군에게 보고하여 다시 금후의 방침에 대해 여쭈는 것이 좋다고 생각합니다.] 이번의 의문 4개 조의 서부 및 [저쪽의] 반한까지를 하나하나 화문으로 고치셔서 [역시 장군에게] 바치는 것이 좋다고 생각합니다. 그러나 위의 반한에 대한 [이쪽의] 주문이나 반한을 [저쪽에서] 건네준 것 등은 제외하여 두는 것이 좋겠지요. 그 이유는 지난번에 [장군에게] 바친 서부 중에 [이미]

出義仕候迄ニ而御座候哉と承申候 刑部様も被仰候ニ付
有之候所、式ハ追而参詰 刑部様ニ而存知之様ニ
是ハ御家様ニも御吟味被成候様ニ而當年ハ弥
其後ハ其元日後及大筆を被仰候様ニ被成候ハヽ
難被仰合候事も有之候ニ付先使一人差出候様
刑部様御差図ニ而下知之節ハ信上一旦之儀ニ
候追而得与御吟味被成候ハヽ右之訳委細被申遣候事

書載仕候通ニ而御座候其外　刑部様を欺候与有之所或ハ返簡之趣　刑部様御存知不被遊候与有之所抔者御吟味被遊被差除度御事之様ニ奉存候若已後及大事ケ様之儀被除置候段難被仰分御事も候ハヽ其節者先使一分ニ御引請　刑部様江曾而不申上候由被仰上一己之罪ニ御極被成候ハヽ御別条有之間敷哉与奉存候事

書き載せてある通りの事で[重なってしまうからで]ございます。その外、刑部様を欺いていると、そのように有る所、或いは返翰の趣旨を刑部様が御存知ないと、そのように有る所などは、よく御吟味の上で、差し除くべき事と思います。もし、これ以後、大事に及び[公儀が関与し、直使の交渉となれば]このような事は[白日の下に曝され、もはや]除くよう御命じになる事も難しい事態となります。そうなれば、その節において先の使者は、その職分として一身に[この間の責任を]引き請けなければなりません。刑部様へ全く申し上げていなかった由を[ここで公儀へ]報告し、一個人の罪にしなければなりません。そのようにすれば[公儀のお裁きは]別条なく済むことと思います。

기재되어 있는 대로의 일로 [겹쳐버리기 때문입]니다. 그 외에 교우부님을 속이고 있다고, 그렇게 되어있는 곳, 혹은 반한의 취지를 교우부님이 아시지 못한다고 그렇게 되어 있는 곳 등은 잘 검토하여 삭제해야 된다고 생각합니다. 만일 이 이후에 큰일이 되어 [장군이 관여하여 직접 교섭하게 되면] 이와 같은 일은 [백일하에 밝혀져 이미] 삭제하도록 하라고 명령하는 일도 어려운 사태가 됩니다. 그렇게 되면 그 때에 전의 사자는 그 직분으로 모두 [그동안의 책임을] 지지 않으면 안 됩니다. 교우부 님에게 전혀 알리지 않았던 까닭을 [여기서 장군에게] 보고하여, 한 개인의 죄로 하지 않으면 안 됩니다. 그렇게 하면 [장군의 재판은] 별 탈 없이 끝날 것으로 생각합니다.

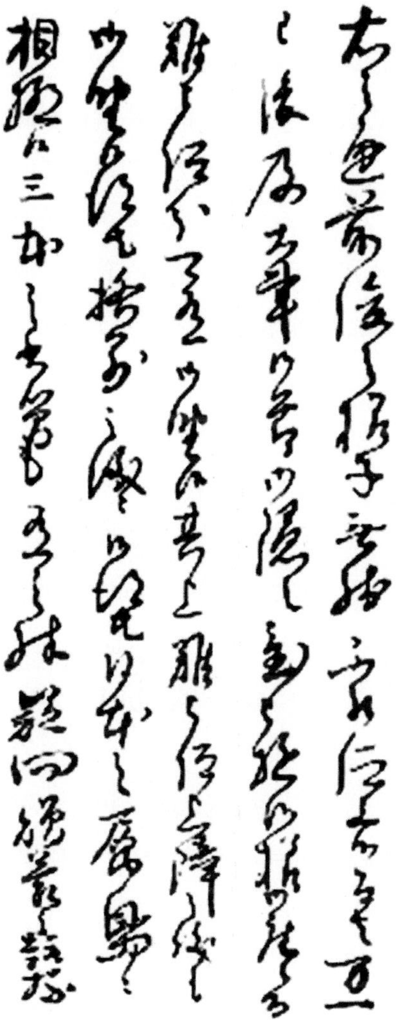

右之通前後之様子無残不被仰上候而者万一已後及大事候節御隠シ置被遊候様御座候而難被仰分可有御座候其上難被仰上障之儀も御座候得者格別之儀ニ候得共日本之属島ニ相極候三本之書簡も有之殊疑問贈答之趣抔

[この際]右の通りに前後の様子を残り無く[公儀へ]報告しなくては、万一、以後、大事に及んだ時、隠し置いたようになってしまいます。[もしも、お尋ねがあった場合など、答弁も出来ないような]難しい部分が発生して参ります。その上、報告し難い、差し障りの有るような事も[やはり、ここには]ございます。[それゆえ使者が、この場合、責任を全て御引き受けしなければなりません。さて、この竹嶋の一件は]格別の事でございます。だが[種々考え合わせれば]日本の属嶋に決まりという事でございます。[証拠となる]三本の書簡も有り、殊に疑問[四箇条の]応答の趣旨など[を見れば]

[이때] 위와 같이 전후의 상황을 남김 없이 [장군에] 보고하지 않으면 만일 이후에 큰일이 되었을 때, 숨겨두었던 것처럼 되고 맙니다. [혹시라도, 질문이 있었을 경우에 답변도 할 수 없을 것 같은] 어려운 부분이 발생하게 됩니다. 그 위에 보고하기 어려운 문제가 있을 것 같은 일도 [역시 이곳에는] 있습니다. [그렇기 때문에 사자가 이 경우 책임을 모두 지지 않으면 안 됩니다. 그런데 이 죽도일건은] 각별한 일입니다. 그러나 [여러 가지를 생각해 보면] 일본의 속도라는 것이 됩니다. [증거가 되는] 세 통의 서간도 있고 특히 의문 [4개 조] 응답의 취지 등[을 보면]

此方ニ而御掛一ツ之理申越候様ニ相叶候
處ニ而懸を以申達ニ不及段も無之様存候
候趣此度之御書面ニ而ハ 公義之様ニも相見え
之御沙汰御座候御申越之趣ハ是以存ニ候義
仕候文義ニ而ハ今ニ而相聞候筆ニ而御吟味
上を以申越之様ニ委細ニ御申上被下候筆ニ而様ニ

此方之被仰掛一々道理至極仕候様ニ相聞候事ニ候得者御気遣ニ可罷成儀も無之様奉存候乍然此度之返簡之内軽　公義候様ニ相見候所御座候而如何ニ奉存候得共是ハ左ニ書載仕候文義之申分ケニ而相聞候事ニ候ハヽ御吟味之上を以御極被遊委細ニ被仰上度御事之様ニ

こちらの仰せ掛けは、一つ一つ道理に合致しております。[日本の属島である事は]当然至極と思います。そのようであるので[今後の展開については]御気遣いに成る事も無いと思います。然しながら、この度の返翰の内には、公儀を軽んずる様子が見受けられ、どうかと思う所がございます。しかし是は左に書き載せるような文義が申し述べるものであり、これをしっかりと聞いた上で、御吟味をなさり[今後どうなさるか]御決めになられたらよいと思います。これは[公儀へ向けて]委細に報告すべき事柄と

이쪽이 말하는 요구는 하나하나 도리에 합치합니다. [일본의 속도라는 것은] 지극히 당연하다고 생각합니다. 그러하기 때문에 [이번의 전개에 대해서는] 신경 쓰실 일도 없다고 생각합니다. 그러하나 이번 반한 중에는 장군을 경시하는 내용이 엿보여 어떨까 라고 생각하는 곳이 있습니다. 그러나 이것은 아래에 기재하는 것과 같은 문의를 이야기한 것으로, 이것을 충분히 들은 후에 판단을 하시어 [금후 어떻게 하실 것인가를] 결정하시면 된다고 생각합니다. 이것은 [장군에게] 자세하게 보고해야 하는 일이라고

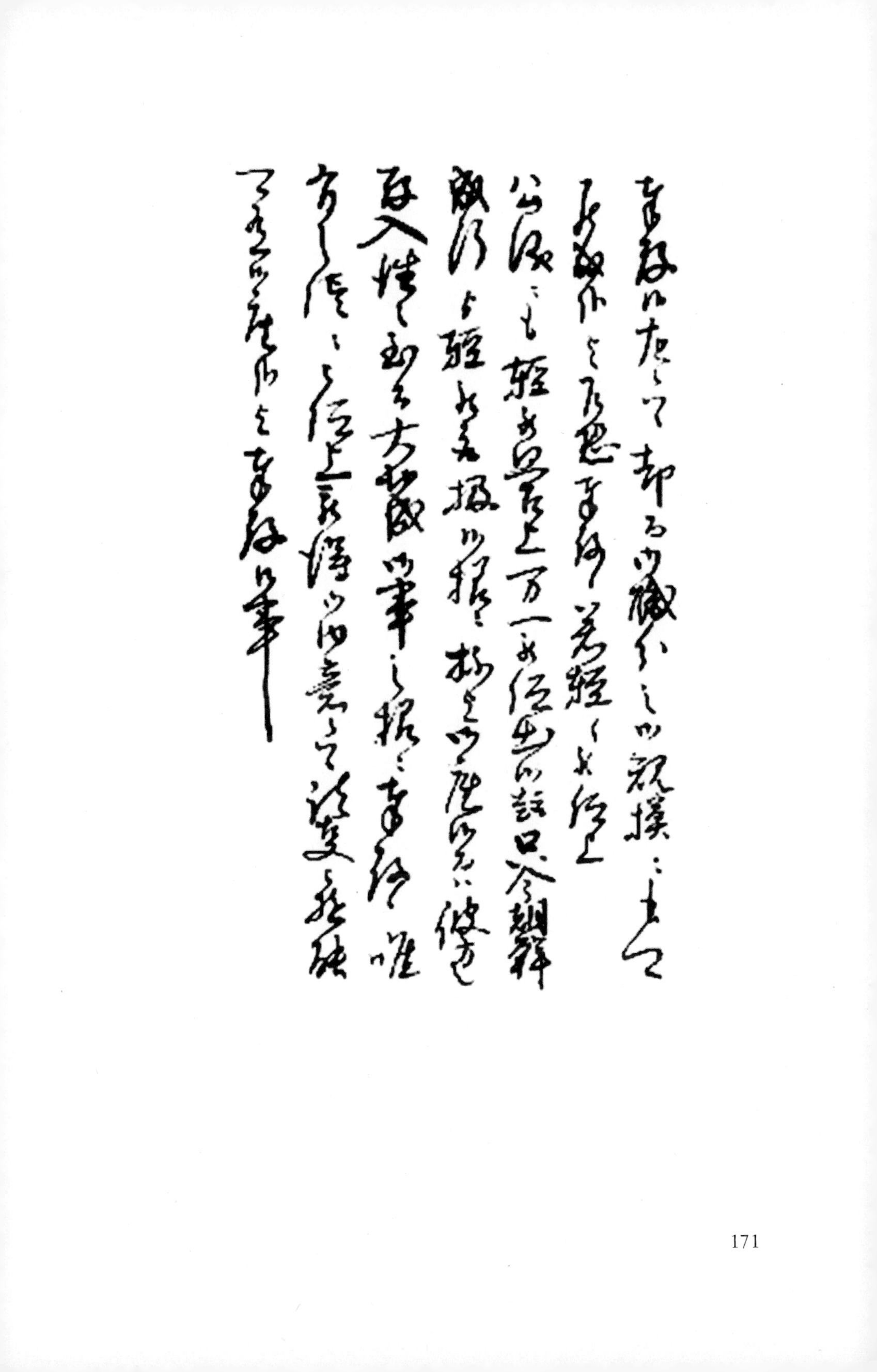

[illegible]

奉存候左候ハヽ却而御職分之御規模ニも可罷成哉与乍恐奉存候若軽く被仰上　公儀ニも軽被思召上万一被仰出候趣只今朝鮮之成行より軽被取扱候様ニ抔与御座候而ハ彼方之存入往々至而大切成御事之様ニ奉存候唯有之侭ニ被仰上被得御内意候ハヽ諸事被遊能可有御座哉与奉存候事

思います。そうであれば[この礼を失した書簡については]却って[朝鮮外交を担当する対馬として、その]本来の職分に関わるものでございます。[その観点からすれば、国家としての体面上、その重要性は無視できぬ]規模のものと、恐れながら申し上げます。[この事を]もし軽くお考えになり[公儀へ]御報告なさり、そして公儀においても軽くお考えになるような事があれば[国の威信が揺らぎます。そうなれば]万一[の事ではありますが、朝鮮に対しての]お申し出の趣旨が、只今の朝鮮の成り行きより[さらに]軽く取り扱われる様になってしまいます。そのようになっては、あちらの思う通りのままで[今後]処々方々で[このような事態が展開し]至って大変な事になってしまいます。[それゆえ、この竹嶋一件に関しては、この礼を失した書簡を含め]唯あるが侭に[公儀へ]御報告をお上げになり[国家の体面を保つための]御内意が得られるよう[勤めるべきでございましょう。]そうなれば[今後]諸事にわたり、能く物事が展開して行くのではないかと、そのように思います。

생각합니다. 그러하면 [이 예의를 잃은 서간에 대해서는] 오히려 [조선외교를 담당하는 쓰시마로서, 그] 본래의 직분에 관계되는 일입니다. [그 관점에서 말하자면 국가로서의 체면상 그 중요성은 무시할 수 없는] 규모의 일이라고 삼가 말씀드립니다. [이 일을] 만일 가볍게 생각하시고 [장군에게] 보고하여, 그리고 장군도 가볍게 생각하는 것과 같은 일이 있으면 [나라의 위신이 흔들립니다.] 만일[의 일이기는 합니다만 조선에 대해] 요구하는 취지가 지금 조선의 흐름에 따라 [더욱] 가볍게 취급되고 맙니다. 그렇게 되면 저쪽이 생각하는 대로 [금후] 방방곡곡에서 [이와 같은 사태가 전개]되어 결국에는 큰일이 나고 맙니다. [그렇기 때문에 이 죽도일건에 관해서는 예의를 잃은 서간을 포함하여] 그저 있는 그대로를 [장군에게] 보고하시어 [국가의 체면을 지키기 위한] 뜻을 얻을 수 있도록 [노력해야 할 것입니다.] 그렇게 되면 [금후] 모든 일이 잘 전개되어 갈 것이라고 그렇게 생각합니다.

一 癸酉之冬館ゟ申候之返簡ニ而格別相違
仕候ハ竹島之義朝鮮之蔚陵島ニ而候
唯今迄朝廷ニ而も相尋候処ニ彼書付ニハ仰付
其上ハ縄を掛国人ニ仕江戸ゟ送遣候而ニ
江戸表ゟ御下知ニ而相替候様信濃守闕

一 癸酉之返翰与甲戌之返簡其趣格別相違仕候故ハ竹島江参候朝鮮之漁民共召寄唯今之朝廷直ニ被相尋候処ニ彼者共申候ハ竹嶋にてハ縄を掛囚人ニ仕江戸江送届候然所ニ江戸表ニ而者以之外相替りケ様ニ仕候段無調法

一 癸酉(元禄六年)の返翰と甲戌(元禄七年)の返翰[との間には、内容的に大きな違いがあります。] その趣旨内容に格別の相違がある原因は、竹島へ参った朝鮮の漁民共[の発言にあります。]彼らを召し寄せ、唯今の朝廷が直にお尋ねになった処、彼の者共が申した事は[以下のような事でございます。すなわち]竹嶋において縄を掛けられ、私共は囚人となって江戸へ送り届けられました。そのような所に、江戸表では[この者どもを罪人とするなど]以ての外という事に替り、このように仕ったのは不調法

1. 계유(겐로쿠 6년)의 반한과 무술(겐로쿠 7년)의 반한 [사이에는 내용적으로 큰 차이가 있습니다.] 그 취지내용에 큰 상위가 있는 원인은 죽도에 간 조선 어민들[의 발언에 있습니다.] 그들을 불러 지금의 조정이 직접 물었더니, 그자들이 이야기한 것은 [이하와 같은 것이었습니다. 즉] 죽도에서 체포되어, 우리들은 수인이 되어 에도로 보내졌습니다. 그래서 에도에서는 [우리들을 죄인으로 취급했던 일 등이] 당치도 않는 일이라며, 이렇게 처리한 것은 잘못되기

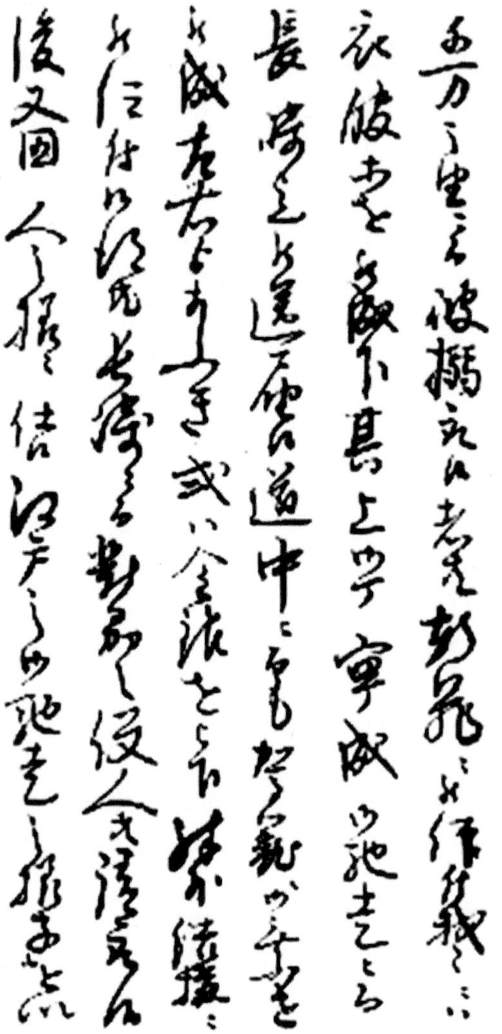
五万ニ里ニ而 彼嶋[illegible] [illegible]ニ而作候儀ニハ
[illegible]彼[illegible] [illegible]殿下甚[illegible] [illegible]成 [illegible]
長崎[illegible] [illegible]道中ニも[illegible]
被成[illegible] 式ハ今[illegible] [illegible]ニ
被仰付候[illegible] 役人[illegible]
彼又国 人[illegible] 信 江戸[illegible]

千万之由ニ而彼搦取候者共斬罪ニ被仰付我々ニハ衣服等を被成下其上御丁寧成御馳走ニ而長崎迄被送届候道中ニ而も駕籠ニ御乗せ被成左右よりあふき或ハ金銀を被下殊外結構ニ被仰付候得共長崎ニ而対州之役人共請取候後又囚人之様ニ仕候江戸之御馳走之様子を以

千万であるという事になりました。私共を搦め取った者共は、斬罪ということを申し付けられました。[江戸の公儀は]我々には衣服などを御下賜くださり、その上、御丁寧成る御馳走もいただき、長崎まで送り届けて下さりました。道中にても[丁重に]駕籠に乗せて下さり、左右から扇ぎ[暑さを凌いでいただき]或いは金銀を下され、殊の外、結構に取り扱われたのでございます。そうではございますが長崎において、対州の役人どもが[我々を]請け取った後は、又々囚人の様に扱われました。江戸の御馳走の様子を以て[私共に罪が無い事を、朝廷の皆様方が

그지없는 일이 되었습니다. 우리들을 포박한 자들을 참죄하라는 명을 받았습니다. [에도의 장군은] 우리들에게 의복 등을 하사하시고 그 위에 정중한 물품도 내려 나가사키까지 보내주셨습니다. 도중에도 [정중하게] 가마에 태워주시고 좌우에서 부채질을 해주어 [더위를 견딜 수 있었고] 혹은 금은을 주시어, 의외로 좋은 대접을 받았던 것입니다. 그러했는데 나가사키에서 쓰시마의 역인들이 [우리들을] 양도받은 후에는 또다시 죄인처럼 취급했습니다. 에도에서 대접하는 상황으로 보아 [우리들에게 죄가 없다는 것을 조정의 모든 분들이

ゆゑ當年も罷越候 弊國人と出仕合候儀
を我漁人の様子を以其座を明け江戸へ差越
候て備對州に被仰付 御座候處被申上候 相達定寛
致させ候事ハ對州を被 公命を以 今度を
ト申候様 弊邦犯越侵漁之儀行先文書を
以て被出に付様子を以弊民共ニ申付候
ニ付仕差付甲陳し相渡し候 不意
貴國之人自爲犯越與之相値爾拘執二人押到
江戶幸蒙 貴國大君明察事情優給加遣還之

御了簡可被遊候我々儀囚人之様仕再彼嶋江不罷渡候様ニ与御座候段ハ江戸之御心にてハ無之偏対州之心ニ而御座候由申候ニ付朝廷実ニ尤与被存夫より対州を疑公命ニ而無之儀を申掛候様ニ存知犯越侵涉欠誠信等之文字を書載仕候様子ニ御座候右漁民共之申分を以了簡仕候得ハ甲戌之返簡之内不意　貴国之人自為犯越与之相値反拘執二氓転到江戸幸蒙貴国大君明察事情優加資遣与

御了解下さるよう、お願い致します。我々の事を囚人の様に扱い、再び彼の島へ罷り渡らぬ様にと言うような事は、江戸の御心ではございません。偏えに対州の心で御座います。そのように[捕らえられた漁民二人が]申すので、朝廷も実に尤もと思われ、それから[以後]対州を疑い、この事は公命では無いと思い、その事を[こちらに]申し掛けるようになって来ております。[無礼な文言であることを]承知の上で、犯越、侵渉、誠信に欠ける、などの文字を[平気で]書簡に書き載せるようになりました。すなわち右漁民共の申す分を以て判断を下した結果、この甲戌(元禄七年)の返翰が記され、その内容については[こちら対馬に対する不信の念が]見出されます。つまり「図らずも貴国の人と遭遇した。貴国の人は、自らが国禁を犯し国の境を越え、この島にやって来たのに、返って我が国の二人の民を捕らえ、拘禁して連れ帰り、江戸へ転送した。幸いに貴国の大君が、この間の事情を明らかに察し、優しく資糧を遣わし」

알아주실 것을 원합니다. 우리들을 수인처럼 취급하고 다시는 그 섬에 건너지 않도록 하라고 말하는 것과 같은 것은 에도의 뜻이 아닙니다. 오직 타이슈우의 생각입니다. 그렇게 [붙잡혔던 어민 두 사람이] 말하기 때문에 조정도 참으로 당연하다고 생각하고, 그때부터 [이후로는] 타이슈우를 의심하고, 이 일은 막부의 명이 아니라고 생각하고, 그것을 [이쪽에] 말하기 시작하였습니다. [무례한 문언이라는 것을] 알면서도 범월, 침섭, 성신의 결여 등의 문자를 [태연하게] 서간에 기재하게 되었습니다. 즉 위의 어민들이 말하는 것을 근거로 해서 판단을 내린 결과가 이 갑술(겐로쿠 7년)의 반한에 기록되어, 그 내용에는 [우리 쓰시마를 불신하는 내용이] 보입니다. 즉「뜻하지 않게 귀국의 사람과 조우했다. 귀국인은 스스로 국금을 어기고 국경을 넘어 이 섬에 왔으면서, 오히려 우리나라의 두 어민을 붙잡아 구금해서 끌고 돌아가 에도에 전송했다. 다행히 귀국의 대군이 그동안의 사정을 정확하게 살피고 친절하게 자금과 식료를 주어」

有之不許任意往來漁民ニ申候と有之

請朝廷吏ニ手ヲ取書載為及改候を存候ハ

国情ニ滅尽を以江戸を申候ハ不可遣ル事

起られ誤し是ニ而御座候故是を御覧ニ申候而

已後ハ得と仕置可被申候由ニ付其段申候又ハ

右之趣意ニ而貴國人侵渉我境之文字

或ハ欠候信有之文字有之こ申候得共御座

候ハ相手ニ不承し候て其段ニ右漁民を申し候を

実ニ存候 公今云々 鬱陵を削除分ニ相成候

有之所趣意相応仕候故漁民之申分を実ニ請朝廷直ニ其趣を書載為被致所与奉存候因幡之城府を江戸与奉存候了簡違より事起り候疑之事ニ御座候故是を得与暁シ申候ハヽ已後ハ得心仕宜返簡可仕哉与奉存候又ハ右之返簡之内貴国人侵渉我境等之文字或ハ欠誠信等之文字有之而申分甚敷御座候ハ様子可有之儀与奉存候右漁民共之申分を実ニ存偏公命ニ而無之儀を対州より申掛候与

とある部分の事です。その趣意は程よく吊り合っており、確かに漁民の申す分を承け、あちらの朝廷は直ちに、このような趣旨を、ここで書き載せたのだと思います。因幡の城府を江戸と思うような考え違いから、事は起った疑いが御座います。これをしっかりと明らかにし[公儀へ]御報告なさったならば[そして、その事をあちらに申し伝えたならば]以後、得心が行き、宜しい返翰が参って来るかもしれません。あるいは右の返翰の内に「貴国の人が、我が国の境を侵渉し」などと記す文字、あるいは「誠信を欠く」などの文字が有りますが、このように記す部分は甚だしく[礼儀を欠いております。それゆえ申し入れを行えば、修正する]可能性は十分に有ると思います。[あちらは、なにしろ]右漁民共の申す分を、実に[そのまま真実であると]考え、これは偏えに公儀の御命令では無い[と思っているからです。つまり]対州からだけ申し掛けた[策謀であるなど]

라고 되어 있는 부분입니다. 그 취지는 적절하게 균형이 잡혀 있어, 분명히 어민이 말한 것을 듣고, 저쪽 조정은 바로 이 같은 취지를 이곳에 기재한 것이라고 생각합니다. 이나바의 성을 에도라고 생각하는 것과 같은 착각에서 일이 발생한 의문이 있습니다. 이것을 분명히 밝혀서 [장군에게] 보고하셨다면 [그리고 그 일을 저쪽에 전했더라면] 이후에 이해가 이루어져 좋은 반한이 올지도 모릅니다. 어쩌면 위의 반한 속에「귀국인이 우리나라 경계를 침섭하여」등으로 기록한 문자, 또는「성신의 결여」등의 문자가 있으나 이렇게 기록한 부분은 크게 [예의를 벗어났습니다. 그렇기 때문에 요구를 하면 수정할] 가능성은 충분히 있다고 생각합니다. [저쪽은 어찌 되었든] 위 어민들이 말하는 것을 그야말로 [그것이 진실이라고] 생각하고, 이것은 모두가 장군의 명령이 아니다 [라고 생각하고 있기 때문이다. 즉] 타이슈우가 자체적으로 요구하는 [책모라는 식으로]

存ニ付々振ニ甚敷延引仕候処　公儀より先
上り候ニ付[illegible]朝鮮對馬守方へ今度[illegible]
之扱ヲ相障候様[illegible]書翰[illegible]延引[illegible]
[illegible]答書[illegible]
[illegible]延引[illegible]
[illegible]
[illegible]
[illegible]
[illegible]

存候付ケ様之甚敷返簡仕候ハヽ迚　公儀江差上候儀不罷成至其期対馬守右之心入を改宜取扱可相済抔与思案仕候返簡ニ而可有之哉与奉存候公命与乍存軽　公命候而甚敷辞を書載仕候返簡ニ而者有之間敷様ニ奉存候其故ハ彼方之者共口上ニ而申候ハ是非此返翰を京都江差上候様ニ其上ニ而者　公命次第ニ御請之申上様も可有之儀ニ候抔与申　公命ニ而茂決而不罷成事ニ候抔とハ不申切由ニ御座候

と思っているのです。それゆえに、このような甚だしく[礼儀を欠く]返翰を[送って来たのです。しかしこのようなものでは]とても公儀へ[このまま]差し上げることは出来ません。このような事に至ったのですから[朝鮮役を勤める]対馬守は、右のような心入れ[に有るあちらの考えを、この際]改め、宜しく取り扱いが済むよう思案しなければなりません。[修正され戻って来る書翰とは]そのような[対馬の]思案が[反映された]返翰で有るべきでございます。[そもそも]公命であると承知しながら、その公命を軽んじ、甚だしい文辞を[あちらが]書き載せて来る[筈はありません。そのような礼を失した]返翰を[そのまま送って来るような事が]有る筈もありません。[結局は対馬の策謀を疑い、それに非を鳴らすため、このような返翰となったのでございましょう。公命を軽んじているわけではありません。] その理由について述べれば、あちらの者共が口上によって申した事ですが、是非、この返翰を東都へ差し上げるようにと、こちらに申し出ておりました。その上で[改めて]公命が罷り下ってくれば、その次第によって、御請けの申し上げ様も有ると、そのように返答を致しておりました。つまり、たとえ公命であっても決して罷り成らぬ事と、そのような[絶対の拒絶を、あちらは]申しているのでは無いのでございます。

생각하고 있는 것입니다. 그렇기 때문에 이와 같이 심하게 [결례하는] 반한을 [보내온 것입니다. 그러나 이와 같은 것으로는] 도저히 장군에게 [이대로] 바치는 일은 할 수 없습니다. 이러한 일에 이르렀으므로 [조선역을 맡은] 쓰시마노카미는 위와 같은 생각을 [하고 있는 조선의 사고를 이번에] 고쳐, 좋은 처리가 이루어지도록 생각하지 않으면 안 됩니다. [수정되어 돌아오는 서한은] 그와 같은 [쓰시마의] 생각이 [반영된] 반한이어야 합니다. [원래] 공명이라는 것을 알면서 그 공명을 경시하여 심한 문사를 [저쪽이] 기재하여 보낼 [리는 없습니다. 그렇게 예의를 잃은] 반한을 [그대로 보내는 것과 같은 일이] 있을 리도 없습니다. [결국은 쓰시마의 책모를 의심하고 그것의 비를 알리기 위해 이러한 반한이 되었을 것입니다. 공명을 경시하고 있는 것은 아닙니다.] 그 이유에 대해 이야기하자면, 저쪽 사람들이 구상으로 말한 것입니다만, 꼭 이 반한을 동도에 올리도록 하라고 우리에게 요구하고 있었습니다. 그 위에 [다시] 공명이 내려오면 그 내용에 따라 요구를 받아들일 수도 있다고, 그렇게 반답하고 있었습니다. 즉 설령 공명이라 해도 결코 안 되는 일이라고 그와 같은 [절대 거절을 저쪽이] 말하고 있는 것은 아닙니다.

候様此段ハ朝鮮人之見込ニ而も已後何分ニも
義論可仕も難量之ハ公命之厳事
得と相遂之中ニて宜返答可仕候と奉存
候得共此儀ハ彼私之ニ而往ら移りて彼地之勝手と
考候得ハ仕候ハ、一事掛り相又彼方ニも南方
西方之中朝鮮ニ而執政之人手操所論節之
役儀之変事可有之ニ付他国之儀ニ候
相談一変難仕訳ニ申ニ而も歴年ニ而能丈
右初発之返答相認申ニハ朝廷も交代仕候

乍然此段者朝鮮人之事ニ候故已後何分ニ変替可仕も難斗候先ハ　公命之疑耳得与相暁之申候ハヽ宜返簡可仕哉与奉存候間乍憚此度之儀私ニ御任せ被遊候ハヽ彼地之勢を考随分得心仕候様ニ可申掛候扨又彼方ニも南方西方与申朝鮮国執政之人互構訴論節々役儀之変替有之候ニ付他国之儀迄茂相談一決難仕時節ニ而御座候由ニ候就夫右初度之返簡相認申候朝廷も交代仕せ

然しながら、この場合、朝鮮人の事でございますので、以後、どのように変更や交替があるのか、斗り難い所でございます。[ともあれ]先ずは公命についての[あちらの]疑いを[取り除き、それが対馬の策謀では無いことを]しっかりと明瞭にすれば、宜しい返翰が罷り下って来るのではないかと、そのように思うところでございます。憚り乍ら、この度の事は、私に御任せ下されば、彼の地の勢いを考え、随分と得心の行くよう[あちらへ]申し掛けようと思っております。さて又、あちらにも南方(南人派)や西方(西人派)といった党派があり、朝鮮国の執政の人が互いに構えて抗争し[政権交代を行っております。] その折々には役儀の交替が有り、人選は変更します。[それゆえ]他国の事などを相談しても、一決できるような事は、今、難しい時節でございます。それに就いて[少しばかり申し添えれば]右の初度の返翰をしたためた[当時の]朝廷[の顕官たち]は[すでに]交代いたし

그러면서 이럴 경우 조선인의 일이기 때문에, 이후 어떤 변경이나 교대가 있을 것인지 예측하기 어려운 일입니다. [어쨌든] 일단은 공명에 대한 [저쪽의] 의심을 [제거하여 그것이 쓰시마의 책모가 아니라는 것을] 아주 분명하게 밝히면 좋은 반한이 내려오는 것 아닐까 라고, 그렇게 생각하는 바입니다. 송구스럽지만 이번 일은 저에게 맡겨주시면 그곳의 열기를 생각하여 충분히 이해가 가도록 [저쪽에] 말하려고 생각하고 있습니다. 그리고 또 저쪽에도 남방(남인파)이나 서방(서인파)이라는 당파가 있어, 조선국의 집정인이 서로 버티며 항쟁하여 [정권교대를 행하고 있습니다.] 그때마다 자리의 교대가 이루어지고 인선이 변경됩니다. [그렇기 때문에] 타국의 일 등을 상담해도 한번에 결정되는 것과 같은 일은 지금은 어려운 시절입니다. 그것에 대해 [조금만 덧붙인다면] 위의 처음 반한을 기록한 [당시] 조정[의 현관들]은 [이미] 교대하여

唯今之使ニ朝廷ニ而御聞届候付此度之返簡
甚相違いたし申候、是を書載仕候ハ、前段ニハ竹島
被申上候ハ朝鮮之儀を無禮川常嵐ニ
御座候処ニ今般朝廷之意者被思召候ハ
御国一人參候てハ此方之為ニ御咄ニ被成候事
此度之儀を彼方より不調遠方ニ而其上ニ御答
假令遠く隔候共何とそ御掛被疑を晴し
公義之御障ニ不成返簡を請取候上ニ而
成り候ハ此相違之返簡請取候得ハ御為ニ候

唯今者他之朝廷ニ而御座候付此度之返簡甚相違之申分を書載仕候様ニ奉存候兼而如申上置候朝鮮之儀者毎物永引安キ国風ニ而御座候処ニ今程朝廷之変替彼是ニ付此度之御用一入急々ニハ埒明兼申体ニ御座候兎角此度之儀者彼方之了簡違多有之事ニ候間仮令延引仕候共何とそ以申掛彼疑を晴シ　公義之御障ニ不罷成返簡を請取差上度奉存候依之右相違之返簡請取帰り不申候様ニ与

唯今はもう別の[人たちによる]朝廷になっているのでございます。それゆえ、この度の返翰は[以前のものと]甚だしく相違のある形で書き載せてあると、私は考えております。兼ねてから申し上げて置いたように、朝鮮の事は、毎度のことでありますが、物事の解決が長引き易いという国風でございます。特に、今のように朝廷の変更や交替が頻繁であれば[なおさらの事で]あれやこれや[混乱し]この度の御用は一気に埒が明くような事にはならないと存じます。兎も角も、この度の事は、あちらの了簡違いが数多くございます。それゆえ、たとえ延引になったとしても[急がず、ひたすら待つのがよいと思われます。その間、こちらから、なおも]申し掛けを行い[それによって]あちらの疑念を晴らすよう[努力を重ねて行けば、やがて解決に向かいます。彼の国との友誼交流を望む]公義の御障りに成らないよう[交渉をねばり強く継続すれば、やがてあちらから修正された]返翰を請け取る[ことも可能です。そのような返翰を、是非受け取り、公儀へ]差し上げ度いものと思っております。このような事でございますので、右の相違の返翰は[この度]請け取って帰国するような事はせず、そのように

지금은 이미 다른 [사람들에 의한] 조정이 되어 있는 것입니다. 그렇기 때문에 이번의 반한은 [이전의 것과] 크게 다른 형태로 기록되어 있다고 저는 생각하고 있습니다. 이전부터 말씀드린 것처럼 조선의 일은, 매번의 일입니다만 일의 해결이 오래 걸리기 쉽다고 하는 국풍입니다. 특히 지금처럼 조정의 변경이나 교대가 빈번하면 [더 말할 필요 없는 일로] 이것저것이 [혼란하여] 이번의 용무는 쉽게 해결되는 일은 없을 것으로 생각합니다. 어쨌든 이번 일에는 저쪽의 오해가 많이 있습니다. 그렇기 때문에 설령 연기된다 해도 [서둘지 말고 한결같이 기다리는 것이 좋다고 생각됩니다. 그러는 사이에 이쪽에서 다시] 말을 걸어 [그것으로] 저쪽의 의심을 풀려고 하는 [노력을 거듭하면 결국은 해결될 수 있습니다. 그 나라와의 우의교류를 원하는] 장군의 방해가 되지 않도록 [교섭을 끈기 있게 계속하면 언젠가는 저쪽에서 수정된] 반한을 청취하는 [일도 가능합니다. 그러한 반한을 꼭 받아 장군에게] 바치고 싶다고 생각하고 있습니다. 이와 같은 일이기 때문에 위의 잘못된 반한은 [이번에] 청취하여 귀국하는 것과 같은 일을 하지 말라고 그렇게

伐木之儀も申付置候処ニ　仕出方之儀此上とも相成候ハヽ
嶮岨を申候而高瀬ニ致し候　右様を申候所
陸ニ而出来候　右義ニ而難渋ニ　存候様相成候
此度相方ヘ伐木之義被仰付候由申上ても
若分ニ相成候　出来候而手当致　又ハ出来候而
申上候事

使者ニも申付其通ニ仕置候若此上ニも理不尽ニ成儀を申候共当職之儀ニ候得者心之及候所随分差詰　公義之御瑕瑾ニ不罷成様ニ可仕候此度私方より使者を差渡委曲申断候上ニも決而承引不仕儀ニ候ハヽ其節又々御案内可申上候事

使者にも申し付け、その通りに御方針を定めるべきでございます。もし、この上にも理不尽な事を[あちらが]申して来ても[朝鮮御役という公儀から御請けした]こちらの御役職から考え、心を込めて精一杯の努力をし、公儀の御瑕瑾に成らぬ様[その御役儀を]果たしたいものでございます。この度、私ども[対馬国元の]方から[あちらへ]使者を差し渡し、委曲を尽くして申し伝えました。その上でも[あちらは]決して承引をなさらなかった。そのような事ですから[今暫く急ぐことなく、引き続き交渉に当たるのがよいと思われます。] その節[に、新たな進展があれば]又々御報告を申し上げればよいと思います。

사자에게도 명하여 그대로 방침을 정해야 할 것입니다. 만일 이 이후로도 이치에 맞지 않는 일을 [저쪽에서] 말한다 해도 [조선역이라는 장군한테 명받은] 우리의 직분을 생각하여 성의껏 열심히 노력하여 장군에게 누가 되지 않도록 [그 역할을] 수행하고 싶은 것입니다. 이번에 우리 [쓰시마 본국] 측에서 [저쪽에] 사자를 보내어 자세한 것 모두를 전하였습니다. 그런데도 [저쪽은] 결코 납득하지 않았다. 그와 같은 일이므로 [잠시 서두르지 않고 계속해서 교섭하는 것이 좋다고 생각합니다.] 그러다 [새로운 진전이 있으면] 다시 보고를 드리면 된다고 생각합니다.

一 此度之延寶之例之時遣公差往来被撿候處
前々ゟ依舊來之處候古来之事ニ而支之
如此候而八十年之來舊來之處候而承知之事

一 此度之返簡之内ニ時遣公差往来捜検矣と有之候段日本之属嶋ニ不罷成已前之事ニ而御座候八十年已来日本之属嶋ニ罷成候事之

一 この度の返翰の内に「時々監察官を派遣し、島を捜索探検して来た」と有ります。これは日本の属島に成ってしまう以前の事であります。八十年来、日本の属島に成っている事への[反論の]

1. 이번의 반한 중에 「때때로 감찰관을 파견하여 섬을 수색 탐검해 왔다」라고 되어 있습니다. 이것은 일본의 속도가 되기 전의 일입니다. 80년 이래 일본의 속도가 되어 있는 일에 대한 [반론의]

違様ニ申出候所相違成事ニ而御座候得共今右
申募ニ付彼違様相違而已ニ而ハ強而申募
り候ニ付彼縛り見分ニ仕候を彼方ゟ御座候
事も可有之候此方ゟ書入をも存寄候處ニ而
若相解人気ニ付候も御座候て遠拂方附不
申候様ニ付候ても如何可有之御座候以ニ而
候も御座候て公命之趣を随可申上と而
ニも可有之御座候へ共右縁候事

証拠ニ申出候段相違成事ニ而御座候然共今度申募ニ付彼証拠相違為無之ニ与存此申募之内ニ茂彼嶋江見分之使を彼方より差渡候事も可有之候間此方より番人を被差渡置若朝鮮人参候儀も御座候ハヽ追払寄附不申候様ニ被仰付候而者如何可有御座候哉左様之儀も御座候ハヽ公命之疑を晴可申上之御手筋ニ而も可有御座哉与奉存候事

証拠に[あちらが]申し出たものです。しかしこれは[証拠になりません。八十年間、あちらの監察官を、こちらは島で見掛けたことは無く、事実と]相違いたします。しかしながら今度[このように]申し募ったことにより、その証拠を示し相違の無いようにと、申し募りの間に、彼の島へ探索使が派遣されるかもしれません[註4]。[それゆえ]こちらからも島に番人を差し渡し置いて、もし朝鮮人が渡って来たならば、追っ払い、寄せ附けないようにと、そのような御命令を下されては如何でしょう。そのような[武威を以ての]手段もございます。ですが[先ずは]公命[による交渉であることを明らかにし、対馬の策謀であるとの、あちら側の]疑念を晴らすことが[この際、第一の]御手筋で有ると思います。

증거로 [저쪽이] 말한 것입니다. 그러나 이것은 [증거가 되지 못합니다.] 80년간 저쪽의 감찰관을 이쪽은 섬에서 본 일이 없어 사실과] 다릅니다. 그러나 이번에 [이처럼] 이야기하면서, 그 증거를 보이며 틀림없다고 말하는 사이에 그 섬에 탐색사를 파견할지도 모릅니다. [그렇기 때문에] 이쪽에서도 섬에 번인을 파견하여 만일 조선인이 건너오면 쫓아내어 다가오지 못하도록 하라고, 그런 명령을 내리면 어떨까요. 그와 같은 [무위를 사용하는] 수단도 있습니다. 그러므로 [먼저] 공명[에 따른 교섭이라는 것을 분명히 하여, 쓰시마의 책모라는 저쪽의] 의심을 풀게 하는 것이 [지금 가장 먼저 해야 하는] 일이라고 생각합니다.

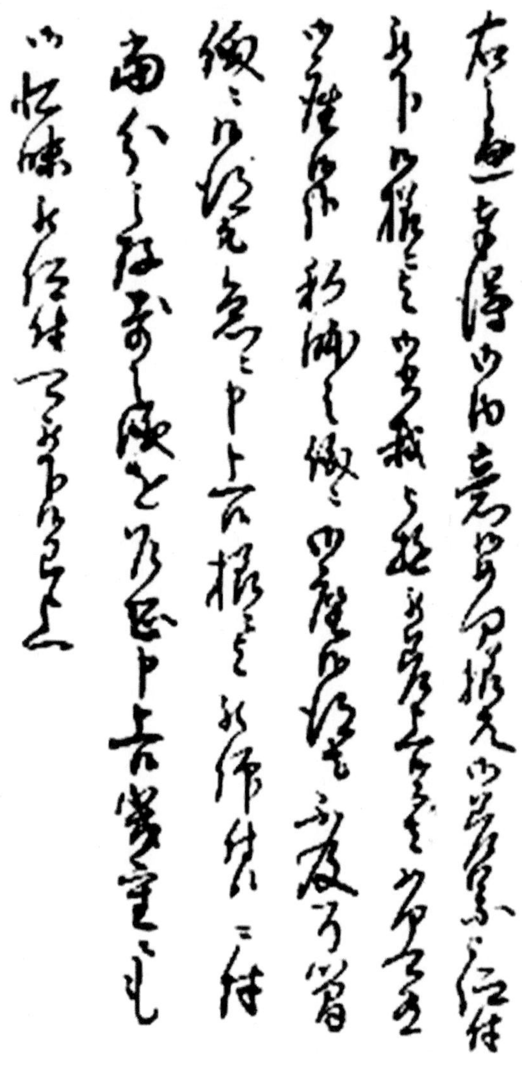

右之通奉得御内意候如何様共御差図被仰付被下候様ニ与御書載被遊被差上候而者如何可有御座候哉私体之儀ニ御座候得者不及了簡儀ニ候得共急ニ申上候様ニ与被仰付候ニ付当分之存寄之儀を乍恐申上候幾重ニ茂御吟味被仰付可被下候已上

右の通りの事を、ここで[公儀へ]報告申し上げ、その御内意を得て置きたく思います。[公儀へ向けては]如何様な事でも[行うつもりでございますので]御差図をいただきたいと、そのように御書き載せになって[報告書を]差し上げては如何でしょう。[以上は]私個人が思っている事でございます。考えの及ばぬ[いたらぬ]事は多々ございますが、急に[思っている事を]申し上げる様にと[この度]命じられましたので、現在[私が]思っている通りの事を、恐れながら申し上げました。幾重にも御検討下さり[御方針を定め]御命令を下されるよう、お願い申し上げます。以上でございます。

위와 같은 일을 여기서 [장군에게] 보고하여 그 허락을 받아두고 싶다고 생각합니다. [장군에게는] 어떠한 일이라도 [행할 생각으로] 지시를 받고 싶다고 그렇게 기재하셔서 [보고서를] 올리면 어떨까요. [이상은] 저 개인이 생각하고 있는 일입니다. 생각이 미치지 않는 [부족한] 것은 많습니다만 서둘러 [생각하고 있는 것을] 말씀드리도록 하라고 [이번에] 지시받았기 때문에 현재 [제가] 생각하고 있는 그대로를 삼가 말씀드렸습니다. 몇 번이고 검토하시고 [방침을 정하여] 지시하여 주실 것을 원합니다. 이상입니다.

朝鮮江も差渡候ニ而使者を以被仰掛候事

一 此度ハ差渡候ニ而使者ニ而被成候、使命平安ニ成候
又ハ書簡ニ而被成候、兎角様子をも申達候

(36-11)

朝鮮江被差渡候御使者并被仰掛様之事

一 此度被差渡候御使者之儀先使より平夷ニ成共又者厳密ニ成共兎角模様を御替被遊候儀

(36-11)

[同じく滝六郎右衛門からの書付]

朝鮮へ差し渡される[新たな]御使者への御指示

一 この度[朝鮮へ]差し渡される御使者については、先の使者と[比較し、その対応を]平易に行うとも、又は厳密に行うとも[いずれでも構いませんが]兎も角も[外交交渉の]模様(構想)全体を、変更なさる事が、

(36-11)

[마찬가지로 로우 로쿠로우에몬이 보낸 서부]

조선에 건너가는 [새로운] 사자에 보내는 지시

1. 이번 [조선에] 건너가는 사자에 대해서는 지난번의 사자와 [비교하여 그 대응을] 평이롭게 하든, 또는 엄밀하게 하든 [어느 쪽이라도 상관없으나] 어쨌든 [외교교섭의] 모양(구상) 전체를 변경하시는 것이

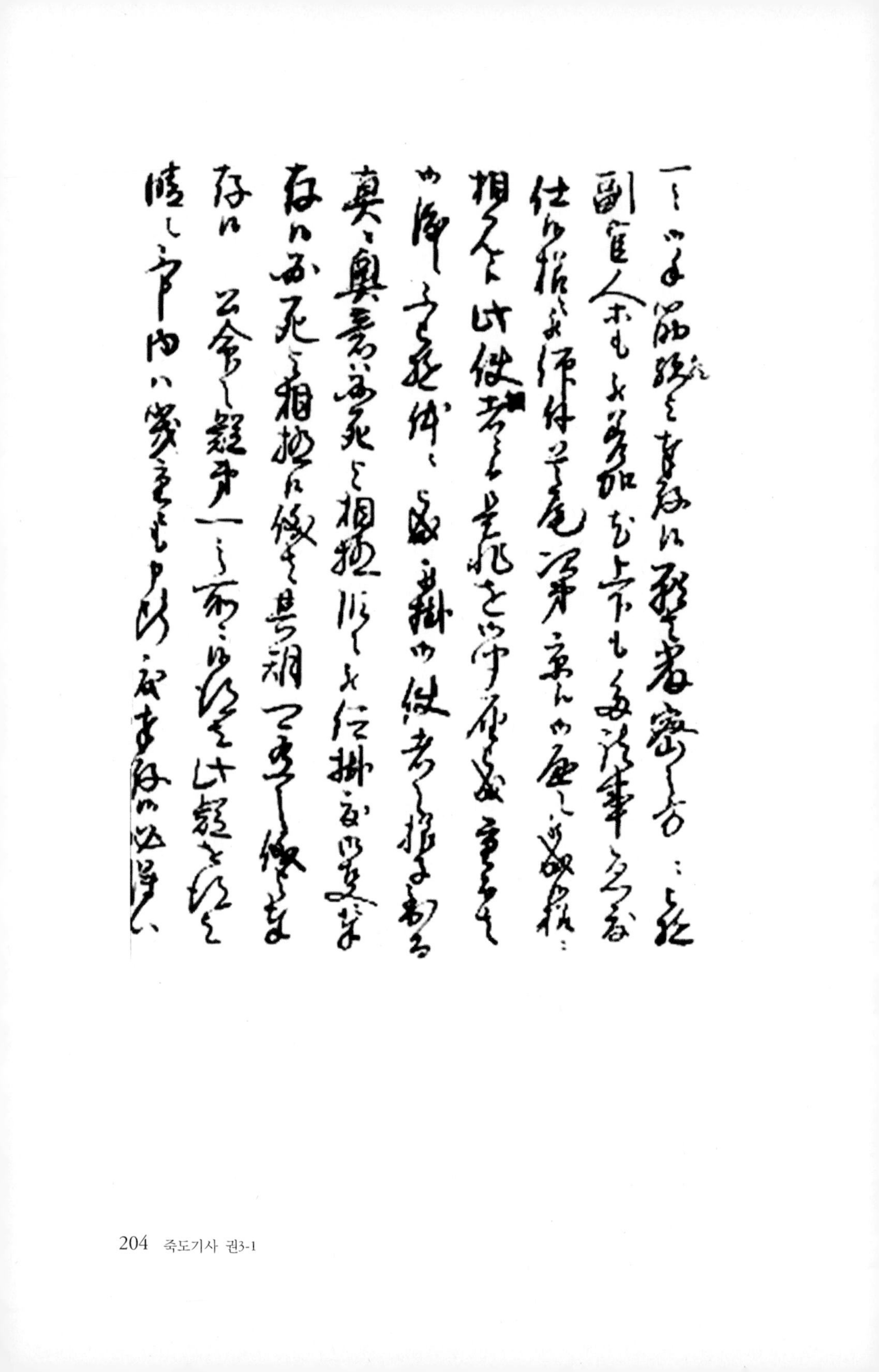

一之御手筋歟与奉存候願者厳密之方ニ被遊副官人等も被差加尤上下も多諸事急度仕候様ニ被仰付首尾次第京江御通シ被成候様ニ相見江此使者ニ而是非を御聞届被成重而者御渡シ不被遊体ニ被成被掛御使者之様子至而真ニ奥意ハ必死与相極段々被仰掛度御事ニ奉存候必死与相極候儀者其調可有之儀与奉存候　公命之疑第一之所ニ候得者此疑を得与晴シ不申内ハ幾重ニも申断度奉存候必得心

第一の御手筋と思います。[敢えて言えば]厳密になさるのが望ましく、その場合、副官人なども差し加え[しっかりとした態勢を整えられるのが良いと思います。そのようになれば]当然ながら上下に渡り[付き従う]人数も多くなります。それゆえ諸事[規律を正し、使者の権威を徹底し、威令が]厳重に行われるよう、お命じになる必要がございます。(註5)　その首尾次第によっては、京へ[注進の連絡を、あちらは]御通しに成られる事と思います。この御使者[の新たな模様]によって[あちらの朝廷は、この度の]是非を[あるいは]御聞き届けに成るかもしれません。もう再び[このような御使者を]御渡しにはなられぬ形で[きちんと体制を整え、威のある一行を送り出すのがよいと思います。] その御使者の様子は真摯を究め、その奥意を必死と定め[あちらに]色々と申し掛けを行うべきと思います。そのように必死と決意した事により、申し入れの折、声調[や態度や物腰]は有る可き所に定まり[難しい交渉を推進させます。]　さて[あちらが]疑っている第一の要点が[対馬が]公命[を詐称]しているというものです。それゆえ、この疑いをしっかりと晴らさなければ[交渉を進める上で支障となり]どうにもなりません。まずは[その疑いを解くよう証拠を提示し]幾重

にも[詳しく説明する必要があります。また誤解に対しては]強く申し入れを行い[反論を展開する]必要があります。必ず得心

제일 중요하다고 생각합니다. [굳이 말하자면] 엄밀하게 하시는 것이 바람직하여, 그럴 경우 부관인 등도 참가시켜 [빈틈없는 태세를 갖추는 것이 좋다고 생각합니다. 그렇게 되면] 당연히 상하에 걸쳐 [같이 하는] 사람 수도 많아집니다. 그렇기 때문에 모든 일에 [규율을 바르게 하고 사자의 권위를 철저히 하고, 명령이] 엄중하게 이루어지도록 명령하실 필요가 있습니다. 그 상황 여하에 따라서는 도성에 [주진하는 연락을, 저쪽은] 허가하게 될 것으로 생각합니다. 이 사자[의 새로운 자세에] 따라 [저쪽 조정은 이번의] 잘잘못을 [어쩌면] 들어주게 될지도 모릅니다. 또다시 [이와 같은 사자를] 보내지 않도록 [빈틈없이 체제를 정비하여 위엄 있는 일행을 보내는 것이 좋다고 생각합니다.] 그 사자의 모습은 아주 진지하게 하고, 그 뜻은 필사를 각오하고 [저쪽에] 여러 가지를 이야기해야 한다고 생각합니다. 그렇게 필사적으로 결의하는 것에 의해, 요구할 때 성조[나 태도나 마음가짐]은 필요한 자리에 따라 정해져 [어려운 교섭을 추진시킵니다.] 그런데 [저쪽이] 의심하고 있는 제일의 요점은 [쓰시마가] 공명[을 사칭]하고 있다고 생각하는 일입니다. 그렇기 때문에 이 의심을 완전히 풀지 않으면 [교섭을 진행하는 데 지장이 되어] 어쩔 수가 없습니다. 우선 [그 의심을 풀도록 증거를 제시하여] 몇 번이고 [자세히 설명할 필요가 있습니다. 또 오해에 대해서는] 강하게 요구하여 [반론을 전개할] 필요가 있습니다. 반드시 이해

而仕様ニ者存候而一ヶ数ハ別シ陳シ申上候
此雄雌對決致シ根究シ　公命ニ者存候処
次ノ為ニ致仕申上候而　公命ニ而も
難致儀ニ證文を請ひ相返置候相成
公義ニ可被出候処何も無之以上ニ而ハ後くこ
證拠ニ者無御座候間證文を請候迄ニ致御座
可申ニ為證文を出シ候ニ付無御座申候而此ハ
京へ罷越可申者有之旨一ヶ数可申上候得共
可申掛候之也　拙者ニ而一ヶ相立申必死ニ相極

可仕様ニ奉存候其趣ハ別之条ニ而申上候若此疑晴対州江之恨無之　公命与ハ奉存候得共決而承引難仕由申候ハヽ左候ハヽ　公命ニ而茂難成由之証文を給候様ニ返簡ニ相添　公義江可差出候左も無之口上斗ニ而者後々之証拠ニ不罷成由申断証文を請取御返翰を持渡可申候若証文を出候儀不被罷成由申候ハヽ此上ハ京江罷通可申達候間其趣注進被致候様ニ与可申掛候是も埒明不申候ハヽ其期ニ至必死与相極

するよう[この説明を]しっかりと行う必要があります。その[具体的な]提言については、また別の条にて申し上げますが、もしこの疑いが晴れたならば、対州への[いわれのない]怨恨は、もう消滅する事でしょう。また[あちらが、この件に関し]公命という事は承知しているが、その[申し出た]趣旨については、決して承引できない。[その受け容れは]困難であると、そのように言うのであれば、公命であっても応じ難いと、そのような証文を[あちらから]発給して貰えばよいことです。[あちらからの]返翰に相添え[その証文を]公義へ差し出せば[それで]よい事です。そのような証文の発給も無く、口上ばかりの約束では、後々の証拠には成りません。それゆえ、しっかりと申し入れを行い、そのような証文を請け取り、御返翰と共に持ち帰るべきでございます。もしも証文の発給が罷り成らぬとなれば、この上は[直接]京へ通交し[国王のお耳に]達するよう[我らは]行動を起こす積もりであると、そのような趣旨を伝え[是非]注進なさるよう申し掛けるべきでございます。それでも埒が明かぬ場合、最後の決断として[いよいよ]必死と覚悟し

하도록 [설명을] 잘할 필요가 있습니다. 그 [구체적인] 제언에 대해서는 또 다른 조에서 말씀드리겠습니다만, 만일 이 의심이 풀렸다면 쓰시마에 대한 [이유도 없는] 원한은 곧 소멸되겠지요. 또 [저쪽이 이 건에 관해] 공명이라는 것은 알고 있으나 그 [요구한] 취지에 대해서는 결코 승인할 수 없다. [그것의 수용은] 곤란하다고 그렇게 말하는 것이라면, 공명이라 해도 응하기 어렵다는 그러한 증문을 [저쪽에서] 발급 받으면 됩니다. [저쪽의] 반한에 첨부하여 [그 증문을] 장군에게 바치면 [그것으로] 되는 일입니다. 그러한 증문의 발급도 없이, 구상만의 약속으로는 후일의 증거가 되지 않습니다. 그렇기 때문에 분명히 요구하여, 그러한 증문을 청취하여 반한과 같이 가지고 돌아와야 합니다. 만일에 증문의 발급이 안 된다고 하면, 그때는 [직접] 도성과 통교하여 [국왕의 귀에] 들어가도록 [우리들은] 행동을 취할 생각이라고, 그러한 취지를 전하여 [꼭] 주진하여 달라고 요구해야 합니다. 그래도 해결되지 않은 경우에는 최후의 결단으로 해서 [곧] 필사를 각오하고

揚屋を押留候上ハ可任指合ニ而ハ無之儀ニ候
隠岐可任両国無之候得ハ必死と相極ル
右之證文之様子申候而ハ其夫々而自分之存を立申候ハ
私も立申間敷候上ハ此者御座候ニ付御咎被成候
中ニ而も大膳ニ可申遣者ニ而も時双方合類入申間敷
条判屋ニ差遣以後又も揚屋申来候ニ付
御揚屋ニ置候儀ハ川元申様ニ任置ニ而指置
内書面中上申候処御沙汰ニ相果申候ニ付致候も
様御沙汰ニ而被仰渡と存候之承知又者被仕候段

接慰官を押留此上ハ可仕様無之候日本之風俗ニ而帰国可仕面目茂無之候得者必死与相極候右之証文を請取不申内ハ決而御自分を立不申候私も立不申候間此上ハ御了簡次第ニ被成候得与申互ニ太廳ニ可罷在候其時双方より扱入可申候間参判屋ニ取込候歟又者接慰官東莱ニ手形為致接慰官京江引取不申様ニ仕置其様子御案内申上御差図次第ニ相果可申候其後者勢次第御直ニ御渡被遊候与成共又者御使者与成共

[相手の]接慰官を押し留めるしか、他に方法はありません。[その折の発言としては]日本の風俗では、もはや帰国する面目も無く[拙者は]死を決意いたした。右の証文を請け取らぬ内は、決して貴殿を立てることは出来ず、拙者も立つ事は出来ず[ここで共に死ぬばかりである。]この上の事は貴殿の御考え次第であると、そのように念を入れて申し入れをし、互いに大庁の中に罷り在って[向き合う事になります。]その時、双方から扱い人を入れ[さらに対決の構えを]見せ[決断を促すか、さらに強引に彼らを和館の]参判屋に取り込み[押し込めてしまうか]という事になります。又は接慰官や東莱府使に[証文発給の]手形を書かせ、接慰官が京へ引き揚げない様に[拘留し]その[交渉の]様子を[京に逐一]報告すべきであります。その京からの御差図の次第によっては[すなわち証文の発給は罷り成らぬとなれば、いよいよ接慰官や東莱府使ともども、ここで]相果てる事になります。その後は勢いの次第で[御隠居様が]御直々に[彼の国に]御渡りに成るか、又は御使者を立てて

[상대의] 접위관을 억류할 수밖에 달리 방법이 없습니다. [그때의 할

발언은] 일본의 풍속으로는, 이미 귀국할 면목도 없어 [졸자는] 죽음을 결의했다. 위의 증문을 청취하지 않으면 결코 귀하를 보낼 수가 없고 졸자도 떠날 수 없으니 [여기서 같이 죽을 수밖에 없다.] 이 이상의 일은 귀하의 생각 여하에 달려 있다고 그렇게 정성으로 요구하여, 서로가 대청 안에서 [마주 보고 있게 됩니다.] 그때 쌍방에서 관련자를 불러 [더욱 대결의 자세를] 보이며 [결단을 촉구하거나 더 강경하게 그들을 화관의] 참판옥에 끌고 가 [감금해버리거나] 하는 일이 됩니다. 또는 접위관이나 동래부사에게 [증문 발급의] 문서를 쓰게 하여, 접위관이 도성으로 돌아가지 못하도록 [구류하고] 그 [교섭의] 상황을 [도성에 모든 것을] 보고해야 합니다. 그 도성의 지시 여하에 따라서는 [즉 증문의 발급이 안 되면 어쩔 수 없이 접위관이나 동래부사 등은 여기서] 죽게 되는 것입니다. 그 후에는 일의 흐름에 따라 [은거하신 분이] 직접 [저 나라에] 건너가시거나 또는 사자를 보내어

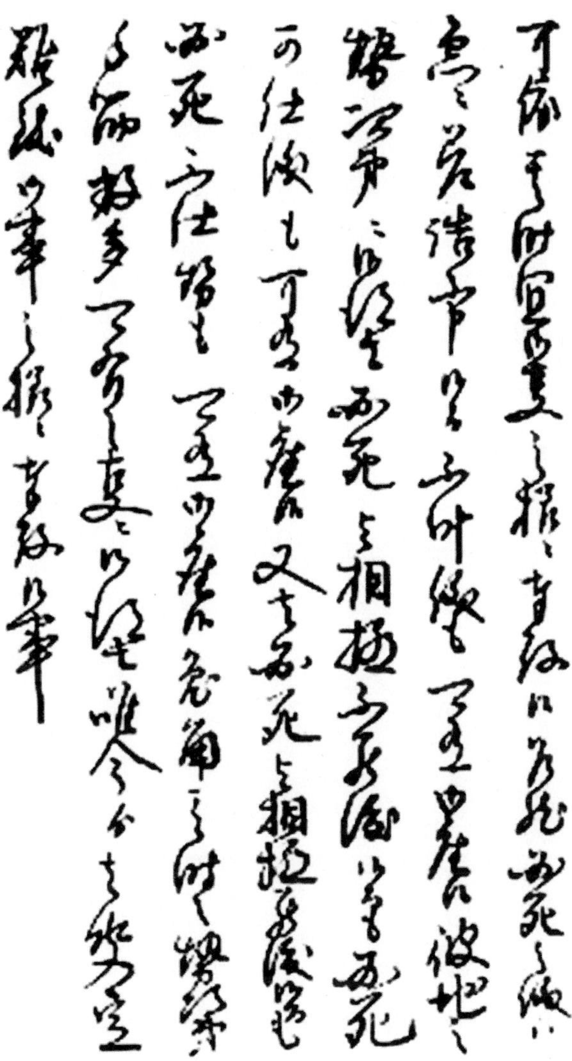

可依其時宜御事之様ニ奉存候乍然必死之儀ハ急ニ差詰不申候而不叶儀も可有御座候彼地之勢次第ニ候得者必死与相極不罷渡候而も必死可仕儀も可有御座候又者必死与相極罷渡候而も必死不仕勢も可有御座候兎角其時之勢次第手筋数多可有之事ニ候得者唯今より者決定難致御事之様ニ奉存候事

[その後の交渉]を行う事に成るか、対応の仕方は、その時々の宜しい方法で行う事になります。[そのような展開を見据えて交渉に当たらねばなりません。]然しながら、死を賭しての対応は、急ぎ差し詰めて準備しなくても、少しも叶わぬ事で、彼の地の勢い次第でございます。必死と決意して[あちらに]渡らずとも、必死になるような勢いも有れば、必死と決意して[あちらに]渡っても、必死とならない勢いもございます。兎も角も、その時の勢い次第で[その折の対処の仕方]手筋は数多くございます。それゆえ今から決めて[準備して]置く事など[実際には]難しい事でございます。

[그 후의 교섭]을 하는 일이 되거나 대응의 방법은 그때에 따라 좋은 방법으로 행하게 됩니다. [그러한 전개를 생각하고 교섭에 임하지 않으면 안 됩니다.] 그러나 죽음을 각오하는 대응은 서둘러서 급히 준비하지 않아도 전혀 지장이 없는 일로, 그곳의 상황에 따라야 합니다. 필사를 각오하고 [저쪽에] 건너가지 않아도, 필사하는 상황이 있을 수도 있는가 하면, 필사를 각오하고 [저쪽에] 건너가도, 필사하지 않는 상황도 있습니다. 어쨌든 그때의 상황 여하에 따라 [그때 대처하는 방법] 순서는 아주 많이 있습니다. 그렇기 때문에 지금부터 결정하고 [준비하여] 두는 일 등은 [실제로는] 어려운 일입니다.

一 今般之出入之儀ニ 公儀之鏡ニ可被成出入哉
与存 如此長成之事之様事済候得者
存候様ニ候へ共 難澁候ニ付 可然御取扱
仕候間 相済候様十分ニ候様 用捨取扱被下候様
之御事

一 今度之御書簡ニ　公命之疑有之儀を御書載被遊被遣度御事之様ニ奉存候其故ハ本書ニ無之儀者京江難徹儀も有之由承知仕候使者も本書を以申述候儀同者宜様ニ御座候由ニ候事

一 今度の[使者を派遣する折には、その使者に持参させる]御書簡には、公命[詐称]の疑いを[朝鮮の側が]持っている事を[咎める形で]御書き載せなさるべきでございます。そのような書簡を持参させ[是非、彼の地へ使者を]遣わすのがよいと思います。その理由を言えば、本書にこのような記載が無ければ[せっかく持参しても、そのまま放置され、東莱府から本書が]京へ転送され、報告として上げられるような事は[ありません。握り潰され]上申が困難となる恐れがあります。そのような事が[普段から]有る事を[我々は]漏れ承り、知っております。使者も本書を持参し[このような趣旨をあちらに]申し述べるべきでございます。そうすれば[普段なら聞き流される事が]同じく[本書が有るため]宜しいように[その報告は都へ上げられる事になると]思います。

1. 이번의 [사자를 파견할 때에는 그 사자에게 지참시키는] 서간에는, 공명 [사칭]의 의심을 [조선 측이] 가지고 있다는 것을 [탓하는 형태로] 기재해야 할 것입니다. 그러한 서간을 지참시켜 [반드시 그 땅에 사자를] 보내는 것이 좋다고 생각합니다. 그 이유를 말하자면, 본서에 이러한 기재가 없으면 [모처럼] 지참해도 그대로 방치하여, 동래부에서 [본서를] 도성에 전송하여, 보고하여 올리는 것과 같은 일은 [없습니다. 깔아뭉개어져] 상신이 곤

란해질 걱정도 있습니다. 그러한 일이 [흔히] 있다는 것을 [우리들은] 흘려들어 알고 있습니다. 사자도 본서를 지참하여 [이러한 취지를 저쪽에] 말해야 합니다. 그렇게 하면 [보통이라면 흘려듣는 일이] 되겠지만 [본서가 있기 때문에] 원하는 대로 [그 보고는 도성으로 올라가게 될 것으로] 생각합니다.

一兼而者御役者中迄ハ御案内之如申合候趣
有之候時分ハ　公儀ゟも日本人竹嶋渡海不致候
由被仰付候様ニと申遣候処ニ右之返答ニ
委細承得其意候、此段越後守様ゟ竹嶋之
儀ハ元来御所之御用ニ而候ニ付無承候ニ
可申付ニ而ハ竹嶋ニ被成候処ニ渡海之義ニ
申付候様相成候様ニ而可被成事ニ候旨被仰越候

一 茶礼之節御使者御口上ハ本書ニ如申入候同氏対馬守存生之時分奉公命貴国人竹嶋江再不罷渡候様ニ被仰付候様ニ与申進候処ニ其御返簡ニ委細被得其意候此度越境日本之竹嶋江漁氓共罷渡候段無調法之至ニ候急度国法ニ可申付候重而ケ様之儀無之様ニ海辺之者共ニ申付堅相守候様ニ可被成之由被仰聞候然とも

一 茶礼の節、御使者が申し述べるべき御口上は[次のようなものでございます。すなわち]本書に申し入れた如く、宗対馬守(宗義倫)が在命の時分、貴国人が竹嶋へ再び渡らぬ様[朝鮮へ申し入れを行うよう]公儀から御命令を受けた。そのような事を、そちらへ申し伝えた。その折[そちらの回答となる]御返翰には、委細をお知らせいただき、承知いたした。この度、越境して日本の竹嶋へ漁氓どもが渡った事は、不調法の至りである。厳しく国法によって裁く予定である。再度このような事が無いよう、海辺の者どもに[固く]申し付ける。[今後]堅く法令を守らせるように致したいと、このようにお話し下さっていた。然しながら、

1. 차례를 지낼 때 사자가 이야기해야 하는 구상은 [다음과 같은 것입니다. 즉] 본서에서 말한 것과 같이 소우 쓰시마노카미(소우 요시쓰구)가 생존하실 때 귀국인이 죽도에 다시 건너오지 않도록 [조선에 요구하도록 하라고] 장군의 명령을 받았다. 그러한 일을 그쪽에 전달하였다. 그때 [그쪽에서 회답하는] 반한에는, 자세한 것을 알려주어 알게 되었다. 이번에 월경하여 일본의 죽도에 어맹들이 건넌 일은 불법에 해당한다. 엄하게 국법으로 다

스릴 예정이다. 다시 이러한 일이 없도록 해변 사람들에게 [엄히] 명령하겠다. [금후로] 엄히 법령을 지키도록 하고 싶다고 그렇게 말씀해 주셨다. 그러면서

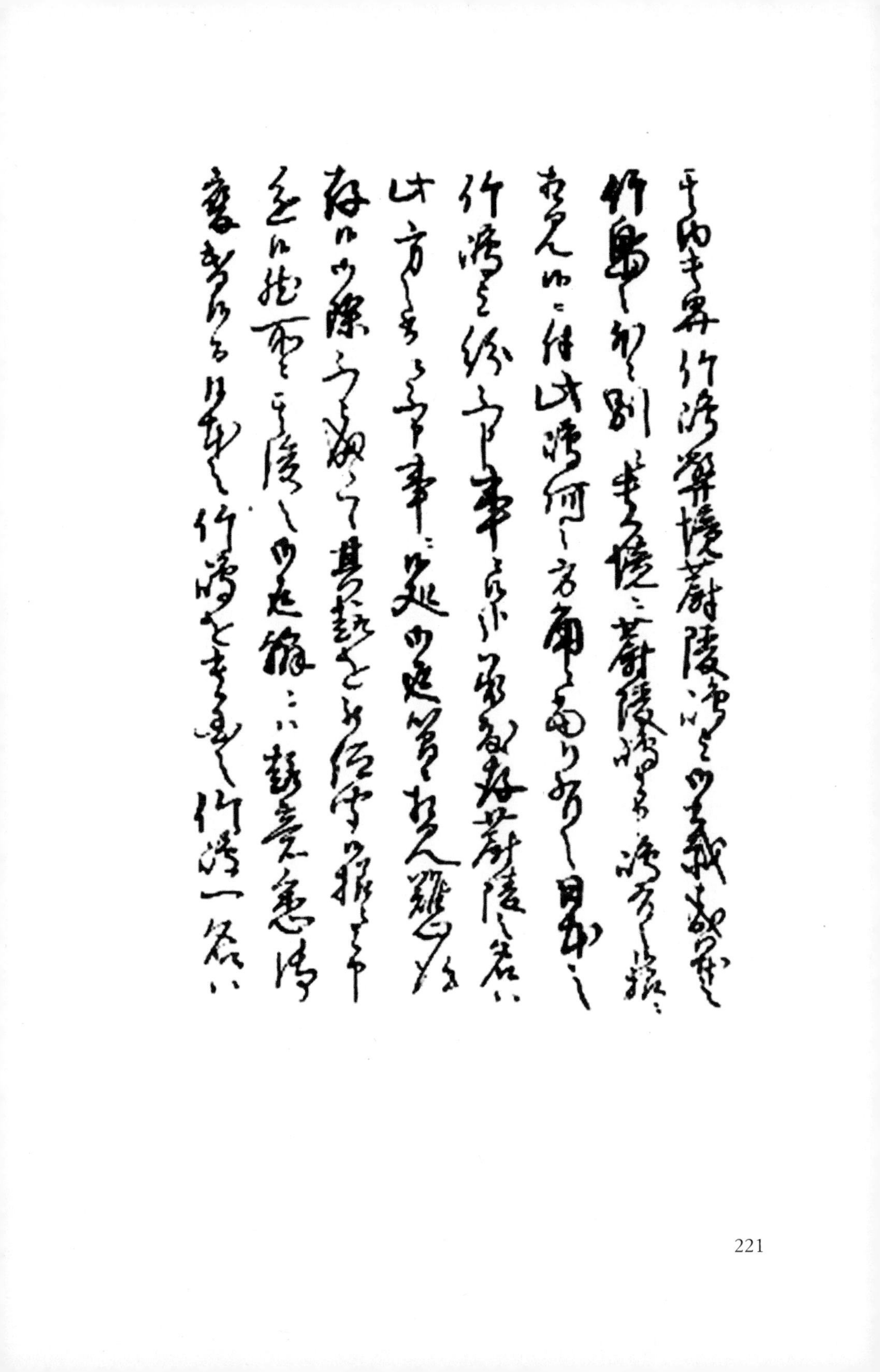

其内貴界竹嶋弊境蔚陵嶋与御書載被成日本之竹島之外ニ別ニ貴境ニ蔚陵嶋与申嶋有之候様ニ相見候ニ付此嶋何之方角ニ当り有之日本之竹嶋与粉不申事ニ候哉承度存蔚陵之名ハ此方之書ニ不申事ニ候処御返簡ニ相見難心得存候御除不被成候ハヽ其趣を被仰聞候様ニ与申進候然所ニ其後之御返翰ニハ趣意悉御変替候而日本之竹嶋を貴国之竹嶋一名ハ

その[御書翰の]内には、貴界の竹嶋、弊境の蔚陵嶋という文言が書き載せられていた。これでは日本の竹嶋の外に、別途、貴境に蔚陵嶋と言う島が有るようにも聞こえる。[もし、そうであるならば]この別の島は[果たして]何れの方角に有る島なのであろうか。日本の竹嶋と[同じであれば、殊更]粉らわしい[表現であり、敢えてこのような言い方では]言い出すべきではない。[言い出すからには、その理由がある筈であり、それを是非]承りたいと思う。蔚陵嶋の名は、こちらの書では触れていないのに[そちらからの]御返翰では[わざわざこれについて]触れている。これは理解し難いところである。[それゆえ、この蔚陵嶋の文字を御除きになっていただきたい。] 御除きに成らなければ、その理由を[こちらに]お聞かせいただきたい。そのように[貴国(朝鮮)に]申し入れた所、その後に至った御返翰には、このような交渉の経過は悉く覆り、御返翰は大きく変更したものとなって差し替えられてしまった。その日本の竹嶋という[書中の部分]は「貴国(日本)の竹嶋とは、またの名を

그 [서한] 안에는 귀계의 죽도, 폐경의 울릉도라는 문언이 기재되어 있었다. 이것은 일본의 죽도 외에 별도로 귀경에 울릉도라는 섬이 있는 것처럼 들린다. [만일 그러하다면] 이 다른 섬은 [과연] 어느 방각에 있는 섬일까. 일본의 죽도와 [같은 것이라면 더욱] 혼란스러운 [표현으로, 일부러 이렇게 말하는 방법으로] 말해서는 안 된다. [말을 하는 데는 그 이유가 있기 마련으로, 그것을 꼭] 듣고 싶다고 생각한다. 울릉도라는 이름은, 이쪽의 기록에서는 언급하지 않았는데 [그쪽이 보낸] 반한에는 [일부러 이것에 대해] 언급하고 있다. 이것은 이해하기 어려운 일이다. [그렇기 때문에 이 울릉도라는 문자를 삭제해주었으면 한다.] 삭제하지 않는다면 그 이유를 [이쪽에] 들려주기를 바란다. 그렇게 [귀국(조선)에] 요구했는데, 그 후의 반한에는 이러한 교섭의 과정을 모두 뒤집고, 반한은 크게 변경한 것으로 바뀌고 말았다. 그 일본의 죽도라고 하는 [서중의 부분]은 「귀국(일본)의 죽도라는 것은 다른 이름을

蔚陵与申一島ニ候地ニ而本国ニ属候儀ハ古書籍
ニ茂相見へ候処此度御書中ニ而竹島与有之
也然与蔵ハ此方波浪険遠ニ付百姓不叶候而
竹島ニ来候ニ付相禁候て右之通申置候
申候様ニ而鼓を以御聞届候様ニ存候
竹島之儀を蔚陵与申由も申及候ニ付
山島村里之名目多御座候ハ和漢共ニ有之
無事ニ御座候ものニも蔚陵之名不一致ニ付
蔚陵之名ハ竹島之蔚陵与云候則ニ蔚陵之

蔚陵与申一嶋二名之地ニして貴国属嶋之由書籍等ニ茂相見候由段々被仰聞候由ニ候初度之御返簡御認被成候時分彼漁氓共ニ御吟味被成日本之竹嶋ニ参候ニ不相極候ハヽ右之御返簡ニ委細御心得被成候与之趣者被仰聞間敷儀与存候尤竹嶋之儀を蔚陵与申候由も承及居候得者山嶋村里之名同名多候段ハ和漢共ニ其類多事ニ候得者貴国ニも蔚陵之名処一断ニ不可限事与存候竹嶋之蔚陵ニ而無之別ニ蔚陵有之

蔚陵嶋と言う。一嶋でありながら二つの名を持つ土地である」と[このように変更となってしまった。蔚陵嶋とは]貴国(朝鮮)の属島であるとの事が、古書籍などにも記載されていると、そのような事をここで色々と聞かされてしまった。だが初度の御返翰を[そちらが]御したためになられた時分、彼の漁民どもを御吟味に成られ、日本の竹嶋に渡ったと[そのように、そこにお書き載せをなさった。] その際[日本の竹嶋と]納得していなければ、右の御返翰にあるような「記載をして、委細をお知らせいただき、承知いたした」と、そのような趣旨の返事は、しないものである。尤も竹嶋の事は[朝鮮の]蔚陵嶋であると、そのように言うような事は[その折おそらく、そちらも]承知していた事であろう。しかし山や島や村や里の名に、同名のものが数多くある事は[よく知られた事実であり]和漢共に、そのような[同名異体によって]多くの間違いが生じている。貴国にも蔚陵嶋の名の有る所は、この一箇所に限らないのではないか[こちらは]そのようにも思ってしまった。それゆえ[日本の]竹嶋は[貴国の]蔚陵嶋では無く、これは別に蔚陵嶋が有るという、

울릉도라고 한다. 하나의 섬이면서 두 개의 이름을 가지는 토지이다」라고 [이렇게 변경되고 말았다. 울릉도란] 귀국(조선)의 속도라는 것이 고서적 등에도 기재되어 있다고, 그와 같은 일을 이곳에서 여러 가지로 듣고 말았다. 그러나 처음의 서간을 [그쪽이] 기록하였을 때, 그 어민들을 조사하시어 일본의 죽도에 건너갔다고 [그렇게, 그곳에 기재하셨다.] 그때 [일본의 죽도라고] 납득하고 있지 않았다면 위의 반한에 있는 것과 같은「기재를 하여, 자세한 것을 알려주어 알게 되었다」라고, 그와 같은 취지의 답장은 [그때 아마도 그쪽도] 알고 있었던 일일 것이다. 그러나 산이나 섬이나 마을이나 마을의 이름에 동명의 것이 수많이 존재한다는 것은 [잘 알려진 사실로] 화한이 공히 그와 같은 [동명이체로 인해] 많은 착오가 생기고 있다. 귀국에도 울릉도라는 이름이 있는 곳은, 이 한 곳에 한정되는 것은 아니지 않은가. [이쪽은] 그렇게도 생각해버렸다. 그렇기 때문에 [일본의] 죽도는 [귀국의] 울릉도가 아니라, 이것은 따로 울릉도가 있다고 하는

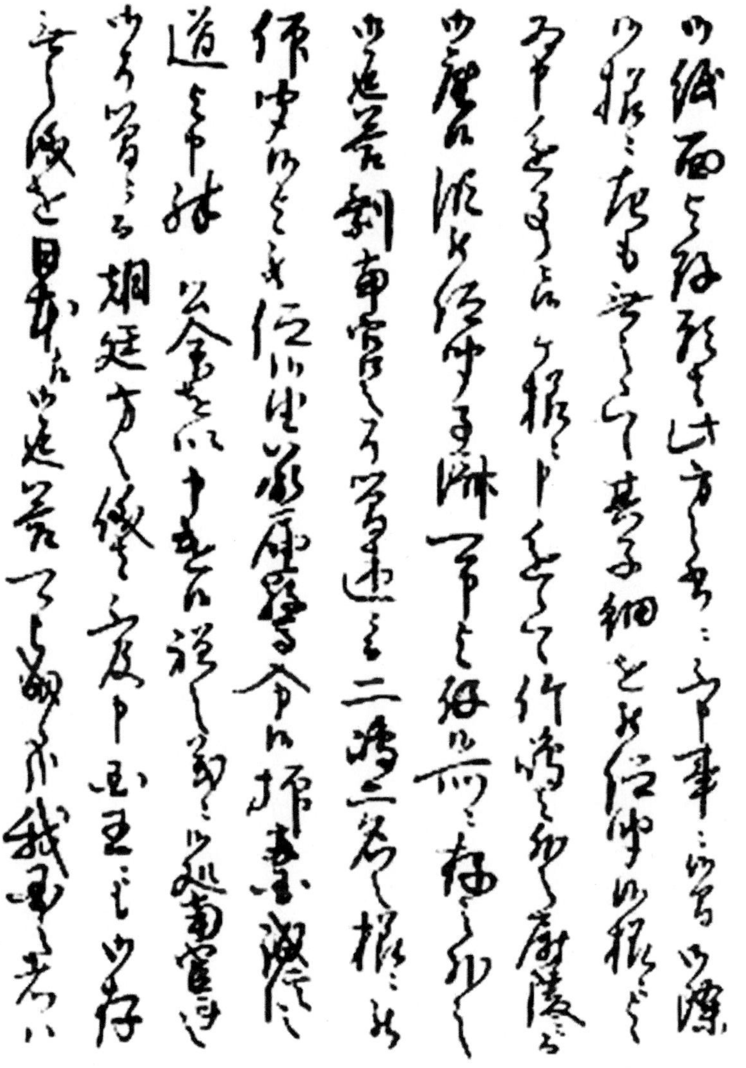

御紙面与存願者此方之書ニ不申事ニ候間御除候様ニ左も無之候ハヽ其子細を被仰聞候様ニ与為申進事ニ候ケ様ニ申進候ハヽ竹嶋之外之蔚陵ニ而御座候段被仰聞事済可申与存候所ニ存之外之御返答剰南宮之了簡違ニ而二嶋二名之様ニ被仰聞候与被仰候由承届驚入申候抑両国誠信之道与申殊　　公命を以申遣候程之儀ニ候処南宮斗之御了簡ニ而朝廷方之儀者不及申国王ニも御存無之儀を日本江御返答可被成候哉我国之者ハ

そのような御紙面とも思ってしまった。それゆえ[こちらの]願う所は、こちらからの書簡には[蔚陵嶋の名を]書き載せていないので[そちらの御返翰から、この蔚陵嶋の名を]御除きいただきたい。もしそうでなければ、その[敢えて書き載せる理由を、ここで]詳しくお聞かせいただきたい。そのように申し入れたのである。そのような申し入れによって[そちらからは]竹嶋の外の蔚陵嶋であると、そのような御返答があろうかと思い、それで[交渉は]終了すると思っていた。だがそうではなく、思いの外の御返答があった。それのみならず南宮(礼曹の御役所)において思い違いがあり[この島について]二島でかつ二名の様に[返翰に記載し、こちらに]伝えてしまったと、そのような御返答があった。このような事を聞き[こちらは]驚き入ってしまった。そもそも両国誠信の道というのがあり、殊に[今回の件は]公命を以て申し遣わす程の事である。[それを間違いでしたと、軽く扱われ、処理されては、どうしようもない。そもそも]南宮[の役官]ごときの考えで[このような御返翰が送られて来る筈はない。もとより、この事を]朝廷方が知らない筈は無い。そのような事は申すに及ばず、国王も御存じ無いような事を[このような折]日本へ御返答に成るものであろうか。我が国の者は

그러한 지면으로 생각했다. 그렇기 때문에 [이쪽이] 원하는 것은 이쪽이 보낸 서간에 [울릉도라는 이름을] 기재하지 않았기 때문에 [그쪽의 반한에서 이 울릉도라는 이름을] 삭제해 주었으면 한다. 만일 그렇지 않으면 그렇게 [일부러 기재하는 이유를 여기에] 자세하게 알려주었으면 한다. 그렇게 요구했던 것입니다. 그러한 요구로 [그쪽에서는] 죽도 외의 울릉도라고, 그러한 반답이 있을 것으로 생각하고, 그것으로 [교섭은] 종료한다고 생각하고 있었다. 그러나 그렇지 않고, 생각 밖의 반답이었다. 그것만이 아니라 남궁(예조의 역소)에서 착각한 일이 있어 [이 섬에 대해] 2도이며 2명인 것처럼 [반한에 기재하여, 이쪽에] 전하고 말았다. 그러한 반답이 있었다. 이러한 것을 듣고 [이쪽은] 놀라고 말았다. 원래 양국에는 성신의 도라는 것이 있고, 특히 [이번 일은] 공명으로 요구했을 정도의 일이다. [그것을 착각했다고] 가볍게 취급하여 처리되고 말면 어찌할 수가 없다. 원래] 남궁[의 역관] 같은 자의 생각으로 [이러한 반한이 보내질 리 없다. 처음부터 이 일을] 조정 측이 몰랐을 리 없다. 그러한 일은 보고하지 않아 국왕도 알지 못하는 것과 같은 일을 [이러할 때] 일본에 반답하는 일이 있을 수 있는 일일까. 우리나라 사람은

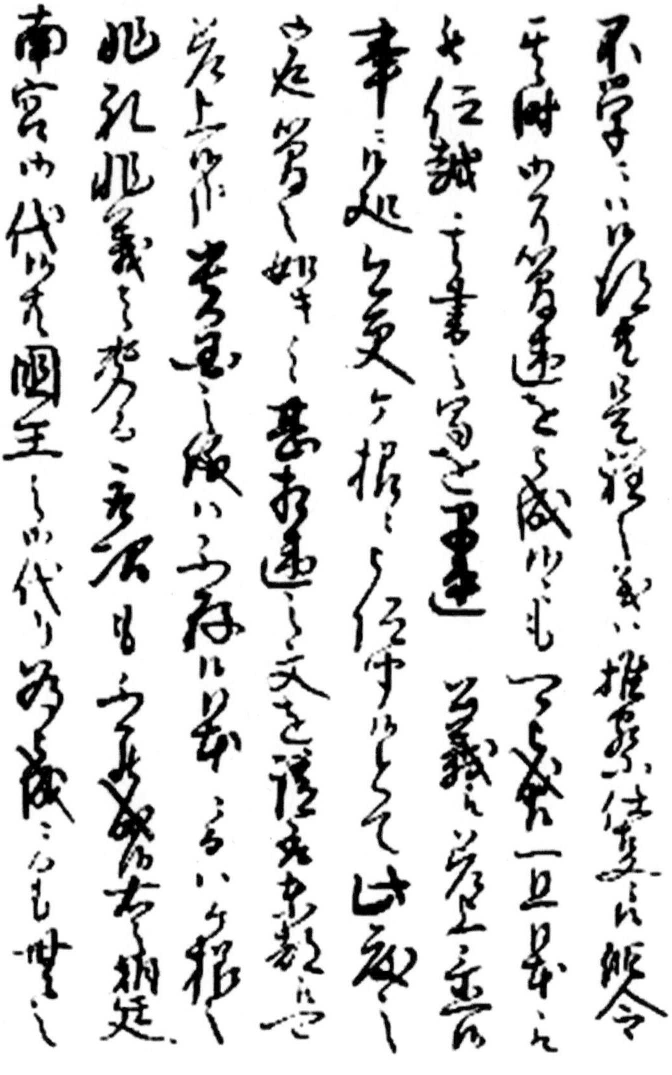

不学ニハ候得共是程之儀ハ推察仕事ニ候仮令其時御了簡違を被成候ニも可被成候一旦日本江被仰越其書之写を早速　公義江差上置候事ニ候処今更ケ様ニ被仰聞候とて此度之御返簡之如キ之甚相違之文を請取東都江可差上候哉貴国之儀ハ不存候日本ニ而ハケ様之非礼非義者決而取次も不罷成候右之朝廷南宮御代候共国王之御代り為被成ニ而も無之候得ハ初度ニ一応被仰聞候御返簡之趣ニ相違

不学[にして不明]な者が多いのであるが、これ程の事は[容易に]推察が可能である。たとえ、その時[そちらが]御考え違いを成されたにしても[その時は確かに、そのようにお考えに]成ったのである。一旦、日本へ[御返翰を]お出しになり、その返翰の写しは早速、公儀へと差し上げられてしまったのである。そのような処に、今更そのように[南宮の間違いであったと]仰せられても[こちらは、ただ困惑するばかりである。殊に]この度の御返翰のような、甚だしく相違のある文を受け取ってしまっては[どうして、そのようなものを]東都へ差し上げることができるのであろうか。貴国のしきたりは、よく分からないが、日本においては、このような非礼かつ非義[の書簡]は、決して取り次ぎを致さない。右の朝廷や南宮[の諸官は、近頃]御代りになって[それによって御方針が全く変わったのだという。だが]そのように申されても、国王は御代替わりに成ってはおられない。それゆえ初度の返翰で、一応お聞かせいただいたような趣旨は[誠信の交わりから言えば、そのまま継続していただかなければならない。] そこに相違

불학[으로 알지 못하]는 자가 많습니다만 이 정도의 일은 [쉽게] 추찰이 가능하다. 설령 그때 [그쪽이] 착오를 했다 해도 [그때는 분명히 그렇게 생각]하셨던 것입니다. 일단 일본에 [반한을] 보내시어, 그 반한의 사본을 서둘러 장군에게 올리고 말았습니다. 그런데 지금에 와서 그렇게 [남궁의 착각이었다고] 말씀하시면 [이쪽은 그저 곤혹스러울 뿐입니다. 특히] 이번의 반한과 같은, 크게 잘못된 문서를 수취해 버리면 [어떻게 그러한 것을] 동도에 바칠 수가 있겠습니까. 귀국의 관례는 잘 모릅니다만, 일본에서는 이러한 비례나 실례[의 서간]은 결코 주선하지 않습니다. 위의 조정이나 남궁[의 제관은 근래에] 교대되어 [그것 때문에 방침이 완전히 바뀐 것이라고 말한다. 그러나] 그렇다 해도 국왕은 바뀌지 않으셨다. 그렇기 때문에 처음의 반한으로 일단 들은 것과 같은 취지는 [성신의 교류라는 측면에서 말한다면, 그대로 계승해주지 않으면 안 된다.] 그곳에 차이

日頃ハ神威ニ一統ニ候得ハ無違背ニ取遣
仕候段ニ至リ候処可成ニハ此上ハ弥懇談
蘇藤ニ致し一両年を経し不絶様ニ罷在ニ付猶
候ニ付而も相違無之様ニ可致候様ニ而も無之候
貴国ニ而者隆盛ニ而此方ニ而も中ニ致候ニハ可
然ル様ニ而変ニ而者前後ニ候儀を得
只今ニ而も無程を以致ハ存ニ而ハ死人ニ而ハ
無之候処神威ニ而無程ニ付而も取遣ニ而無之候ニ

仕候儀者決而被仰聞間敷事ニ候然上ハ弊境之蔚陵与有之所斗を嶋之不粉様ニ御直シ其余之儀者少も相違無之様ニ可被成候左も無之候而者貴国之御暇瑾与申此方ニ而も中々東都江可差出様無之事ニ候間前後之儀を得与御思案候而御返簡を御改可被下候死人ニ当り候返簡与申初度之返簡与甚相違之御返簡ニ

があるような事は、決して[こちらに]お聞かせ下さらないようにしていただきたい。そのような事なので[今回の御書翰は、初度の御書翰の中の]幣境之蔚陵と有る所だけを[御除きになられ]島の名が粉らわしく無い様に御直しをしていただきたい。その他の事は[初回の御書翰と]少しも相違の無い様に成さっていただきたい。そのようで無ければ貴国の御暇瑾と判断し[そのような欠陥の御書翰を]こちらから、なかなか東都へ差し出すと言うような事は難しい。それゆえ前後の事情を、とくと御思案になり[今回の]御返翰を御改めいただきたい。死人に宛てた返翰となった初度の返翰と[今回の返翰とは]甚だしく[その内容に]相違がある。

(차이)가 있는 것과 같은 일은 결코 [이쪽에] 말씀하시지 않도록 해주었으면 합니다. 그와 같은 일이므로 [이번의 반한은, 처음 서한 속의] 폐경 울릉도라고 되어 있는 곳만을 [삭제하셔서] 도명이 혼란스럽지 않도록 고쳐주었으면 합니다. 그 외의 일은 [처음의 서한과] 조금도 다르지 않게 해주었으면 합니다. 그렇지 않으면 귀국의 실책으로 판단하고 [그처럼 결함이 있는 반한을] 이쪽에서 동도에 바친다고 하는 일은 참으로 어렵습니다. 그러하므로 전후의 사정을 차분히 생각하셔

서 [이번의] 반한을 고쳐주었으면 합니다. 죽은 자에게 보낸 반한이 된 처음의 반한과 [이번의 반한은] 크게 [그 내용의] 차이가 있습니다.

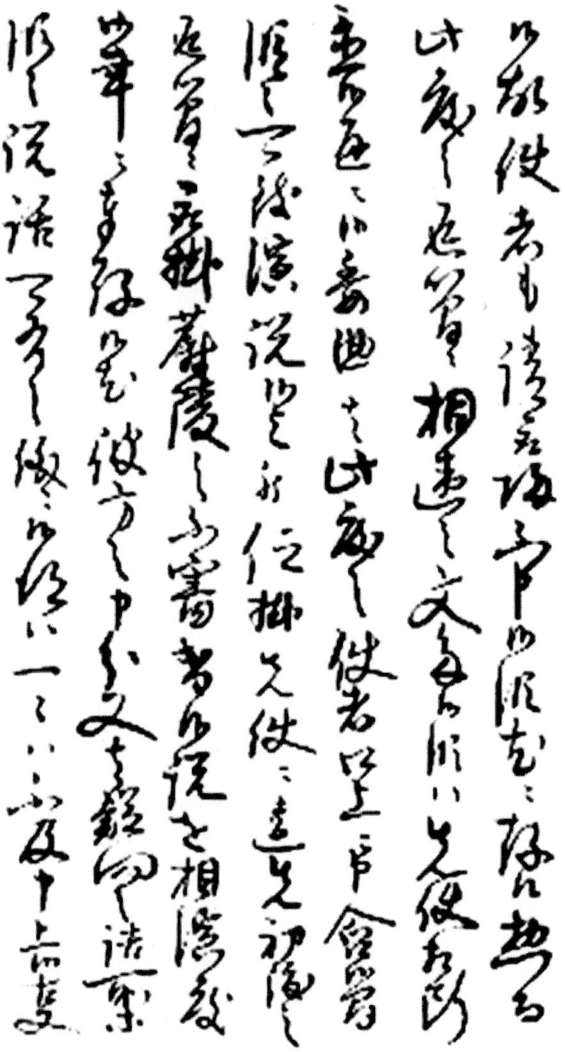

候故使者も請取帰不申候段尤ニ存候惣而此度之返簡ニ相違之文多候段ハ先使相断置候通ニ候委曲者此度之使者口上ニ申含候間段々可致演説候与被仰掛先使ニ違先初渡之返簡ニ取掛蔚陵之不審替候説を相演度御事ニ奉存候尤彼方之申分又者疑問之詰所等段々説話可有之儀ニ候得ハ一々ハ不及申上候事

それゆえ使者も[この返翰を、そのまま]受け取り[対州へ]持ち帰るような事は成り難い。それは[皆々が]尤もの事だと思うところである。一般的に言えば、この度の返翰には[以前の返翰と比べ、無礼の文言や]相違の文言が数多くある。それゆえ先の使者は[これを持ち帰らず、なお朝鮮の地に]預け置いたのである。[以上、このような論述を、あちら朝鮮との交渉において、申し掛ければよいと思います。そして]このような委曲についてを、この度の使者の口上に申し含め、色々と[あちらに]説明を致すよう、命じられたらよいと思います。先の使者と違い[今度の使者は]先ず初度の返翰に取り掛かり[そこから今回の返翰へ]蔚陵嶋の不審な変更の説を[取り上げ、あちらに]申し掛けたらよいと思います。尤も、あちらの側の言い分や、又その抱く疑問についても、詰めるべき所を詰め[こちらから]色々と、お話しする事も必要な事でございます。そのような事でありますから[ここで具体的な事柄を一つ一つ取り上げ]それについてを一々申し上げるような事は致しません。

그래서 사자도 [이 반한을 그대로] 수취하여 [타이슈우에] 돌아가는 것과 같은 일은 하기 어렵다. 그것은 [모두가] 당연한 일이라고 생각하는 바이다. 일반적으로 말하자면 [이전의 반한과 비교하여 무례한 문언이나] 틀린 문언이 많다. 그렇기 때문에 앞의 사자는 [이것을 가지고 돌아가지 않고, 아직도 조선 땅에] 맡겨두고 있는 것입니다. [이상과 같이, 이러한 논술을 저쪽 조선과 교섭하면서 이야기하면 좋을 것이라고 생각합니다. 그리고] 이처럼 자세한 것에 대해, 이번 사자의 구상에 포함시켜, 여러 가지를 [저쪽에] 설명하도록 명령하면 좋을 것으로 생각합니다. 앞의 사자와 달리 [이번 사자는] 우선 첫 반한에 관하여 이야기하고 [그러고 나서 이번 반한에 대해] 울릉도의 이상한 변경에 관한 것을 [취급하여, 저쪽에] 이야기하는 것이 좋다고 생각합니다. 물론 저쪽이 말하는 것이나, 또 그들이 품는 의문에 대해서도 분명히 해둘 것은 분명히 하며 [이쪽에서] 여러 가지를 이야기하는 것도 필요한 일입니다. 그러한 일이기 때문에 [여기서 구체적인 일의 내용을 하나하나 들어서] 그것에 대해 일일이 설명하는 것과 같은 일은 하지 않습니다.

一　御役者并相談之上取計候得共追而返答申越
彼是及延滞　公儀向ニ而宜敷義及手支可申候ニ付
双方共之申分ニ存候ニ付常例之通使者差渡し
相止候事ニ付一件并ニ後来遣使者
交易向之儀を専要之事ニ付其一事ニ而相済

一 御使者可被相演者此度御用大切ニ候処御返答段々及遅滞　公儀向不宜候若及大事候而ハ双方共ニ如何ニ存候間常例之送使交易等迄相止置此度之一件斗を申談度候得共送使并交易等之儀者両国通好之其一事ニ候然所ニ

一 御使者が、この度果たす役割は、とても大切なものでございます。しかしながら[あちらからの]御返答が色々と遅滞に及び[その結果]公儀へ向けて[御報告が出来ず]宜しからぬ結果に至った事は[なんとも残念なことでございました。]もしこれが[さらに]大事に及んだならば[これに加え]双方共に、どのように[この外交交渉の拙劣さを]思い[悔やむ事に]なるでありましょうか。常例の送使交易など迄も、止め置くことになってしまい[その影響の甚大さは図り知れません。]この度の一件ばかりを[あちらと]論談したいと思っても[すでに誠信の道が破壊されていれば]送使ならびに交易などの事は[たちまち大きく制限を受けてしまう事でしょう。]両国通好の、この一事[こそが大切なのでございますが]そのような所に

1. 사자가 이번에 수행해야 하는 역할은 매우 중요한 것입니다. 그러나 [저쪽이 보낸] 반답이 여러 가지로 지체되어 [그 결과를] 장군에게 [보고하지 못하여] 좋지 않은 결과에 이른 것은 [참으로 유감스러운 일이었습니다.] 만일 이것이 [다시] 큰일에 이르게 되면 [이것에 더하여] 쌍방 모두에게, 어떻게 [이 외교교섭의 졸렬함을] 생각하고 [후회하는 일이] 될 것인가. 상례의 송사교

역 등까지도 정지하는 일이 되고 말아 [그 영향의 심대함은 헤아릴 수 없습니다.] 이번의 일건만을 [저쪽과] 논담하고 싶다고 생각해도 [이미 성신의 도가 파괴되어 있으면] 송사 및 교역 등의 일은 [금방 크게 제한받고 말겠지요.] 양국통호의 이 일[이야말로 중요한 일입니다만] 그러한 곳에

御好之儀を相止候ハヽ誠信之道をも此方ゟ致ニ而
御好を被成候ハヽ非義ニ而も不存候得ハ御好
敗し候得ハ可相止道理之段其場之常例ニ而
旧き儀ニ候へハ往古之通ニ而一両年可申候を
此方ゟ申掛ニ而重而ハ如何可存事

通好之儀を相止候ハ誠信之道を此方より敗ニ而候通好を敗候ハ非義之至与存不罷其儀候通好敗レ候時即可相止送使交易之常例ニ而候故軽キ非礼ハ其分ニ仕置此度之一挙耳申談候者此方より申掛置度御事ニ奉存候事

通好の事が止まってしまえば[このような交渉を持ち掛けた、こちらのせいとなります。それは]誠信の道を、こちらが破壊したという事になります。通好を破壊する事は非義の至りであり、それは決して罷りならぬ事でございます。通好が破壊に至った時、送使交易の常例は即ち止まってしまいます。それゆえ[あちらの]軽度の非礼などは、もうそのままにして置き、この度の一挙のみを論じるようにして[両国通好の破壊に至るような話まで、ことを拡げてはなりません。そのように抑制を効かせて、あちらに]申し掛けたいものでございます。[では朝鮮に向けて申し掛ける内容について、その具体的な申し入れを、次にお示し致します。]

통호의 일이 정지되고 말면 [이와 같은 교섭을 시작한 이쪽의 책임이 됩니다. 그것은] 성신의 도를 이쪽이 파괴했다는 것이 됩니다. 통호를 파괴하는 일은 의롭지 못한 일로, 그것은 결코 안 되는 일입니다. 통호가 파괴되었을 때, 송사 교역의 상례는 즉시 정지되고 맙니다. 그렇기 때문에 [저쪽의] 가벼운 비례 등은 이제 그 정도로 해두고, 이번 일만을 논하는 것으로 하여 [양국 통호의 파괴에 이를 것 같은 이야기까지, 일을 확대해서는 안 됩니다. 그렇게 억제하며 저쪽에] 말하고 싶은 것입니다. [그러면 조선에 이야기할 내용에 대해 그 구체적인 요구를 다음과 같이 말씀드립니다.]

一
此之家ゟ竹嶋江参候事ニ付而、漁民共令
朝廷江ハ清前ニ而者出来ニ付事ニ而候処、彼
者共ヲ取候而竹嶋ニ而我々を召捕縄を掛、因人ニ
仕、日本人七日目ニ送ニ候得共、絶而日本ニ而飯を不
相与、様々之仕置ニ而、無之候処、無間候を
仕候由ニ而、彼船ニ捕候日本人を斬死ニ可仕
我々ニ可申聞旨中ニ而寧成次第ニ

一 内々承候得者竹嶋江参候貴国之漁民共只今之朝廷之御前ニ被召出直ニ御尋被成候処彼者共申候ハ竹嶋ニ而我々を召捕縄を掛囚人ニ仕江戸へ七日目ニ送届候然所ニ江戸ニ而ハ存之外相替ケ様ニ可仕儀ニ而無之候処ニ無調法を仕候由ニ而彼搦捕候日本人を斬罪ニ被仰付我々ニ者衣服等を被下中々御丁寧成御馳走ニ而

一 内々に承ったところ、竹嶋へ渡った貴国の漁民どもが、現在の朝廷の御前に召し出され、直に尋ねられる事があったという。その折り、彼の者どもが[朝廷で]申し上げた事は[以下のような事だと聞いている。すなわち]竹嶋において我々を召し捕り、縄を掛け、囚人に仕立て上げ、江戸へ七日目に送り届ける事があった。しかしながら江戸においては、思いの外、様子が変わり、このように扱うべきではないのに無調法を行ってしまったと、彼の搦め捕えた日本人が[逆に咎められ]斬罪を仰せ付けられるに至った。我々には衣服等を下され、なかなか御丁寧に扱い、御馳走までも

1. 은밀히 들었더니 죽도에 건넌 귀국의 어민들이 현재 조정의 어전에 불려 나가 직접 심문받은 일이 있다고 한다. 그때 그들이 [조정에서] 말씀드린 것은 [이하와 같은 일이라고 듣고 있다. 즉] 죽도에서 우리들을 붙잡아 새끼줄로 묶어 수인으로 만들어서 에도에 7일째에 보낸 일이 있다. 그러나 에도에서는 의외로 상황이 바뀌어, 이렇게 취급해서는 안 되는데 불법을 저지르고 말았다 라며, 그들을 붙잡았던 일본인이 [거꾸로 벌을 받아] 참죄를

명받는 일이 되고 말았다. 우리들에게는 의복 등을 주시고, 아주 정중하게 취급하여 물품까지도

ハ彼ニ不案内ニ遠國ハ不及申近國ニ而も知り難く
ハ案内之者たりとも気付候処不案内なる
對列ニ役人隠居候後ハ今般を奉察候し
仕掛なる者之居候對列ニ乗候而も又國人ハ猶ニ依
江戸ニ而も之此差し猶予をいたし当年も

江戸ゟ御出ハ中々猶子ニ而も居候処ニ我々之國人ハ
仕舞彼方ニ而も猶ニ而も其後ハ偏對列ニ

御座候長崎江被送遣候節も道中ニ而者駕籠ニ御乗せ左右よりあふき候而参候処長崎ニ而対州之役人請取候後ハ金銀を奪取散々之仕掛ニ而御座候対州江参候而も又囚人之様ニ仕候江戸ニ而之御馳走之様子を以御了簡可被遊候江戸之御心ハ中々ケ様ニ而無御座候処ニ我々を囚人ニ仕再彼嶋江不罷渡候様ニ与有之候段ハ偏対州之

して下さった。長崎へ送り遣わされる折も、その道中では駕籠に乗せて下さり、左右からあおぐような事までして下さった。しかし長崎にて対州の役人が[我々を]受け取った後は[扱いは大きく変化し、我々に下し置かれた]金銀を[対州の役人どもが]奪い取り[我々を]散々な扱いに致した。対州へ参った後も、又[引き続き我々を]囚人の様に扱った。江戸にて御馳走[を受けた]様子を以て[東武の]御考えを推し量るべきである。江戸の御心は、なかなかこのような[対州の御考えと大いに]相違がある。我々を囚人に仕立て上げ、再び彼の嶋へ罷り渡らぬ様にと、このような要求は、偏えに対州の

마련해 주셨다. 나가사키에 송환될 때도, 그 도중에는 가마를 태워주시고, 좌우에서 부채질을 해주는 것과 같은 일까지 해주셨다. 그러나 나가사키에서 타이슈우의 역인이 [우리들을] 수취한 후로는 [취급이 크게 변하여 우리들에게 내려주신] 금은을 [타이슈우의 역인들이] 탈취하고 [우리들을] 심하게 취급하였다. 타이슈우에 간 후에도 역시 [계속해서 우리들을] 죄인처럼 취급했다. 에도에서 물품을 [받은] 상황으로 보아 [동무의] 생각을 추량할 수 있다. 에도의 마음은 여러 가지로 이러한 [타이슈우의 생각과 크게] 차이가 있다. 우리들을 죄인으

로 만들어, 다시 그 섬에 건너가지 못하도록 하라고 하는 이러한 요구는 오로지 타이슈우의

此方より御座候由申上候由ニ候得ハ朝廷寛ニ存候
思召 公へ被仰候段を對馬守申入候得ハ被為思召
日本之處置之極 公儀ニも左様之御仕置ニ候
甚以眼深太之返答甚相違之段をも被存
候と存候、此一端ニ而大切成儀ニ候而、此段之
後振以人同情之大事之儀存候を以異人之事を
申、被成下一下知相違之有之候而も行候て仕候ハヽ

心ニ而御座候由申上候由ニ候依之朝廷実ニ尤与思召　公命ニ而無之儀を対馬守申入彼嶋を日本之属嶋ニ極　　公義江之忠節ニ可仕趣意被思召御恨深右之返簡甚相違之儀を被仰聞候与存候此一端至而大切成儀ニ御座候先ハ魚氓弐人因幡之大守之城府を江戸へ参候与申儀第一了簡違ニ而候貴国之行程ニ仕候得ハ

御心だけの事である。[東都の公儀に、そのようなお考えは無いと]このように[漁民どもが]申し上げたので、これに依って[貴国の]朝廷は、実に尤もとお考えになった。[それゆえ、この度の対馬からの申し出が、実は]公命では無いのではないかと、そのように対馬守に申し入れをなさった。彼の島を日本の属嶋に決定しようとするのは、実は公義への忠節の証しとしたい[対馬の歪んだ]企みではないかと、そのように[朝廷は]お考えになっておられる。それゆえ[対馬に対し]恨みを深くし[この度の礼を失した返翰となったのではないか。]　右の返翰は[確かに初度の返翰と]甚だしく相違がある。そのような事を[今回こちらは色々と]聞かされてしまった。だが、この[返翰で記された非礼の]一端は[誤解によることから生じたもので、それを正す事こそが、両国の友好関係を考える上で]至って大切な事である。こちらは、そのように思っている。[その誤解について触れておくと]先ず漁民二人が、因幡の太守の城府内に連行された事を、江戸へ行ったと考えた事である。これが第一の考え違いである。貴国の[徒歩などでの]行程に従っても[理解できる事であろうが]

생각일 뿐이다. [동도의 장군에게는 그러한 생각이 없다고] 이렇게

[어민들이] 말씀드렸기 때문에, 이 말을 듣고 [귀국의] 조정은 그것이 당연하다고 생각하시게 되었다. [그래서 이번에 쓰시마에서 하는 요구가 실은] 공명이 아니지 않은가 라고 그렇게 쓰시마노카미에게 말씀을 하셨다. 그 섬을 일본의 속도로 결정하려고 하는 것은 실은 장군에 대한 충절의 증거로 하고 싶은 [쓰시마의 잘못된] 계략이 아닌가 라고, 그렇게 [조정은] 생각하고 계신다. 그래서 [쓰시마에 대한] 원한을 가지게 되어 [이번의 예의를 상실한 반한이 된 것이 아닌가.] 위의 반한은 [분명히 처음의 반한과] 크게 다르다. 그와 같은 일은 [이번에 이쪽은 여러 가지 일을] 듣고 말았다. 그러나 이 [반한에 기록된 비례의] 일단은 [오해로 문제가 생긴 것으로, 그것을 밝히는 일이야말로 양국의 우호 관계를 생각하는 데 있어] 아주 중요한 일이다. 이쪽은 그렇게 생각하고 있다. [그 오해에 대해 언급해 두자면] 우선 어민 두 사람이 이나바 태수의 성에 연행된 것을 에도에 갔다고 생각한 것이다. 이것이 틀린 첫 번째의 생각이다. 귀국의 [도보 등의] 행정에 따라도 [이해할 수 있는 일이겠지만]

因幡之織存分江戸表へ何様之事ニ而捕上ケ
御役人江戸表ゟ僅七ヶ日之内ニ早到着御役
其者ハ拙文初御役人ゟ法紙を捕捕候ハ、前年
来る二条ゟ被召上候鳴戸渡海田ゟ延又ハ侵境
ゟ之付而狼藉を兆目実ニ捕捕ハ事ニ而因幡之
城府之気ニ附け可宜くハ波紀之或ハ長嵜ん
送セ不及申ニ而如其氣ニ而事を会徒異なる太分
あつき物仕候ハ、思其ノ風ニ而難ク大数図人様
ゟ様ニ仕度又ニ而或ハ会議或ハ惯我或ハ二所ニ

因幡之城府より江戸迄何程之所ニ而候然上者竹嶋より江戸迄僅七日之内ニ者決而到難之行程にてハ扨又初竹嶋ニ而漁民を搦捕候ハ前年重而不参候様ニ与堅申渡差回候処又々侵境候ニ付其狠藉を咎申実ニ搦捕候事ニ候因幡之城府江参候時分丁寧ニ致馳走或ハ長崎江送遣候道中ニ而駕籠ニ乗せ金銀を与へ左右よりあふき抔仕候ハ日本之国風ニ而至而大切成囚人程ケ様ニ仕事ニ候或ハ食傷或ハ怪我或ハ其罪之

因幡の城府から江戸まで、果たして如何程の距離があるのであろうか。そのような[距離や旅の行程の]事を考えれば、竹嶋から江戸まで、僅か七日の内に到達するような事は、決して有り得ることではない。それは到り難い行程である。さて又、初め竹嶋において漁民を搦め捕ったという理由に付いては、前年(元禄五年)に[その原因がある。この年]もう再び[島に]参らぬ様にと[漁民どもに]堅く申し渡し、伝え置いていた。そのような処に、又々境を侵し[彼らは]渡って来た。それゆえ、その狠藉を咎めるため、実際に搦め捕ったのである。因幡の城府へ参った時分、丁寧に馳走を致し、或いは長崎へ送り遣わす道中では、駕籠に乗せ、また金銀を与え、左右から扇ぎなどした事は、日本の国風によるものである。至って大切な囚人ほど、このような扱いを致す。その理由は、或いは食中毒になったり、或いは怪我になったり、或いはその罪の

이나바 성부에서 에도까지, 과연 어느 정도의 거리일까. 그러한 [거리나 여행 일정]을 생각하면 죽도에서 에도까지 불과 7일 안에 도달하는 것과 같은 일은 결코 있을 수 있는 일이 아니다. 그것은 도착하기 어려운 행정이다. 그리고 또 처음에 죽도에서 어민을 붙잡았다고 하는 이유에 대해서는 전년(겐로쿠 5년)에 [그 원인이 있다. 이 해에] 이미 다시 [섬에] 오지 않도록 하라고 [어민들에게] 엄하게 명하여 전달해 두었었다. 그러한데 다시 경계를 침범하여 [그들이] 건너왔다. 그렇기 때문에 그 범죄를 처벌하기 위해 실제로 포박한 것이다. 이나바의 성부에 갔을 때 정중하게 대접을 하고 또 나가사키로 보내는 도중에는 가마를 태우고, 또 금은을 주고 좌우에서 부채질을 한 것 등은 일본의 국풍에 의한 일이다. 아주 중요한 수인일수록 이러한 취급을 한다. 그 이유는 잘못하여 식중독에 걸리거나 또는 상처를 입거나 또는 그 죄의

候之義自害ニ仕り候て 国情之微候て違義も候
此段を以申事ニ御座候 然処 貴國人之
心を安し 無事ニ相存入候 安穏ニ相存候 然
仕掛為申ニ于今節ニ至 貴国之儀ニ存候
り承ニ而 風ニ而ハ 相違候 誠ニ帰候内ニハ常
々成節ニも 我朝ニ人 了簡之段 相成候
此事 役人 帰候 後今之議を寒(?)申候ハ
不罷成事 被議(?)候 前(道) 早ニ而 致候さ
ト今之気(?)様を荒ニ申候 禁忌し

源を考自害等仕候而者因幡之城主従公儀之御咎を被蒙事ニ候故随分致馳走彼囚人之心を安シ無別条様ニ存入致安堵候様ニ与態仕掛為申其手筋ニ而候貴国之儀者不存候日本之国風ニ而ケ様ニ仕候段ハ訳官之内ニハ常談之序ニも伝承候人可有之与存候扨長崎ニ而此方之役人請取候後金銀を奪候与申候ハ了簡有之事候彼漁民共道中ニ而我侭を申今日者参間敷抔与荒シ申候ニ付警固之

淵源などを考え自害などしては、因幡の城主が、これによって公儀から御咎めを蒙むる事になるからである。それゆえ随分と馳走を致し、彼の囚人の心を安んじ、別条無い様にと考え、彼らを安堵させる様に扱ったのである。そのように行った事で、彼らが申し伝えたような態で[すなわち親切、丁寧な]手筋で[護送されて]行ったのである。貴国の事は、こちらでは分からないが、日本の国風で、このように行った事が、訳官たちの内々における常の会話では[罪人として取り扱った対馬が、逆に悪いようにも語られていた。] その[対馬に対する非難が]事のついでに伝わったのであろう。またそれを[真実と信じて]聞いた人々も有った事であろう。さて長崎において、こちらの役人が[この囚人を]請け取った後[彼らから]金銀を奪い取ったと言う事は[それなりの]理由が有る事である。彼の漁民どもが道中にて我侭を言い出し、今日は出発したくないなどと[言って]荒れ狂った時、警固の

연원 등을 생각하고 자해 등을 하면 이나바의 성주가, 이것 때문에 장군한테 처벌받는 일이 되기 때문이다. 그렇기 때문에 잘 대접하여 그 죄인의 마음을 걱정하여 별 탈 없이 할 생각으로 그들이 안심할 수 있도록 취급한 것이다. 그렇게 행한 일로 그들이 말한 것과 같은 형식으로 [즉 친절하고 정중한] 방법으로 [호송하는 일을] 실시한 것이다. 귀국의 일은 이쪽에서 알 수 없으나 일본의 국풍으로 그렇게 행한다는 것을 역관들 사이에서 보통으로 하는 이야기로는 [죄인을 취급한 쓰시마가, 거꾸로 나쁜 것처럼 이야기되고 있습니다.] 그 [쓰시마에 대한 비난이] 다른 이야기 끝에 우연히 전해졌겠지요. 또 그것을 [진실이라고 믿고] 들은 사람들도 있었을 것이다. 그런데 나가사키에서, 이쪽 역인이 [이 죄인을] 청취한 후에 [그들한테서] 금은을 탈취했다고 하는 것은 [그것 나름대로] 이유가 있는 일이다. 그 어민들이 도중에 떼를 쓰며 오늘은 출발하고 싶지 않다는 등을 [말하며] 난폭하게 굴었을 때 경호하는

日本人ヲ於テ及難儀候令眼を興シ候而後を
令召仕候ニ付危角大切成国人ニ而候得共
御座候ニ付学問之心ニ叶リ候而并仕術送候ニ付
出来候得方之役人共被罷出候人之呼寄て
有之ニハ飛法成仕方再ヲ在候ニ付諸事ニ而有之
御座候ニ付而存候様ニ相渡候令張をも被
申候人を延を仕候れ候を停申事ニ候得共
被罷出候人ニ而入候而相済候ニ而御座候有
而仕度候處印ニ而自分ニ参集ニ而相候由候

日本人殊外及難儀金銀を与へ色々賄候得者合点仕候由ニ候兎角大切成囚人ニ候故早々届度存漁民之心ニ叶候様ニ斗仕漸送届候由ニ候此方之役人共彼警固之人之咄にて承候へハ非法成仕方耳多実ニ貴国之御為ニ恥敷儀ニ而候ニ付御為与存彼金銀を取警固之日本人ニ返進仕非礼を繕申たる由ニ候是ハ彼警固之人之存入を如何ニ存貴国之恥を省為仕事ニ候処却而自分ニ奪取候様ニ申候段

日本人が殊の外、難儀に思い、金銀を与えるなどして、色々と賄い[機嫌を取って]合点させたのである。兎も角も大切な囚人なので、早々に届け度く思い、漁民の心に叶うように仕ったもので、それ斗りの事である。そして漸く[長崎へ]送り届けたのである。こちらの役人共は、彼の警固の人の話を承り、その[囚人の]非法な振る舞いが多かった事を、実に貴国の為に恥じ入り、また御為とも思い[本来の有るべき扱いに戻し]彼の金銀を取り上げ、警固の日本人に返し、その非礼を繕って置いたのである。是は彼の警固の人の思案を考慮し、貴国の恥を省みて行った事である。そのような処に、却って自分のものを奪い取った様に言い出すのは、

일본인이 참으로 곤란하다고 생각하고 금은을 주는 일 등을 하며, 여러 가지를 주며 [기분을 맞추며] 이해시켰던 것이다. 어쨌든 중요한 수인이기 때문에 서둘러 양도하고 싶어서, 어민의 마음에 들도록 모신 것으로 그랬을 뿐이다. 그리고 드디어 [나가사키에] 송환한 것이다. 이쪽의 역인들은 그 경호하는 사람의 말을 듣고, 그 [수인의] 무법의 행동이 많았다는 것을 참으로 귀국의 창피라고 생각하고, 또 귀국을 위한다고 생각하고 [본래 취해야 했을 취급으로 돌아가] 그의 금은을 거두어, 경호하는 일본인에게 돌려주어, 그 비례를 바로 잡아 둔 것이다. 이것은 그 경호인의 생각을 고려하여 귀국의 창피를 생각하여 행한 일이다. 그러한데 오히려 자신의 것을 탈취당한 것처럼 말하는 것은

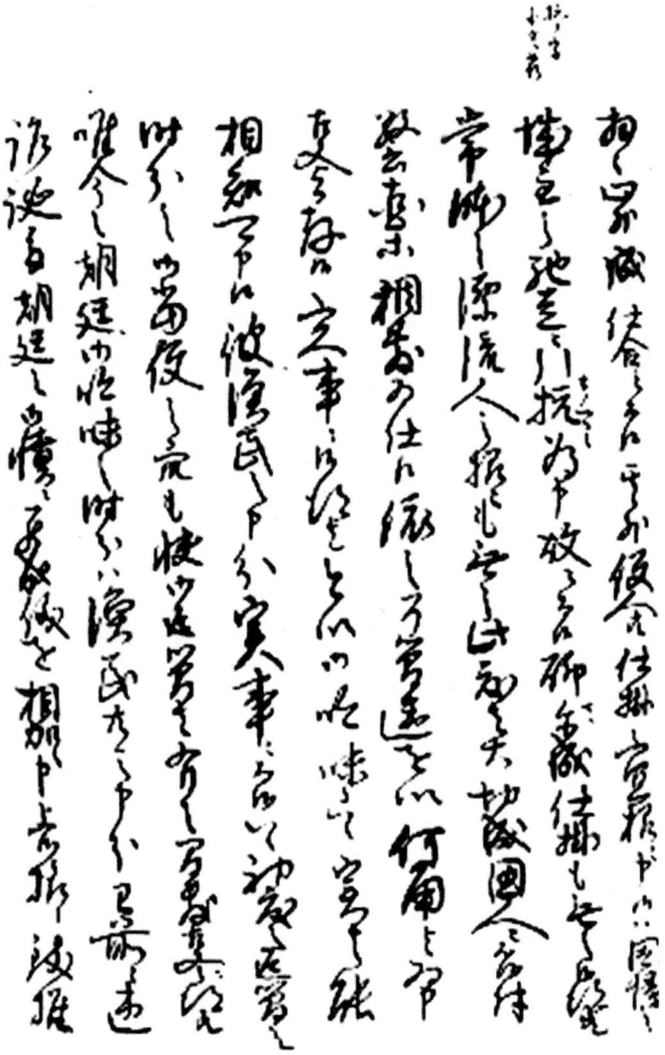

扨々心外成仕合ニ而候其外役人共仕掛不宜様ニ申候ハ因幡之城主之馳走ニ引抗(行間に「本ノママニ」と付記あり、欄外に「抗ノ字　本書ニ如斯」と付記あり)為申故ニ而候聊(行間に「ママ」とあり)に成仕掛も無之候得共常体之漂流人之様ニも無之此度者大切成囚人ニ而候付警固等稠敷為仕候依之了簡違を以何角与為申事与存候不久事ニ候得者今以御吟味候ハヽ実者能相知可申候彼漁民之申分実事ニ而候ハヽ初度之返簡之時分之御当役之衆も快御返簡者有之間敷事ニ候得共唯今之朝廷御吟味之時分ハ漁民共之申分已前ニ違詐誕多朝廷之御憤ニ罷成儀を相加へ申上候様ニ致推

さてさて心外な申し出である。その外に、役人どもが仕掛け、宜しからぬ様に[漁民どもが]申し出ているのは、因幡の城主の馳走に引き比べ[こちらが彼の者どもに馳走をしなかった事を例に挙げ]申す事であろう。だがここには、いささかも問題に成るような仕掛けはない。常の通りの漂流人の様では無く、この度は大切な囚人であるだけに、警固などを[殊更]稠密に仕っただけのことである。だがこれに依って[彼の者どもは]考え違いをし、何かと[不服を]申し出ているのである。そう昔の事では無いので、今[一度、彼らを]御吟味なされば、その実態は能く分かって来るのではないか。彼の漁民どもが[初度の御吟味の時に]申した分が実際の事である。[それ以後に申した分は、後付けの考えで、それをただここで加え、申し述べたに過ぎない。それゆえ]初度の返翰の時分に[御吟味なさった]御当役の衆も[その二人の有りの侭の話を聞いたので、その折、朝鮮にとって]快い御返翰[となるような報告は]出来なかった筈である。だが唯今の朝廷が御吟味の時分は[あの頃から日が経ち]漁民どもの申し分には[修飾が

加わり]以前と違い許欺まがいの話が多くなっている事と思う。朝廷が[この交渉において]御憤りに成っておられ事で[彼らは]それに同調し、このように申し上げたものと推

참으로 어처구니없는 이야기다. 그 외에 역인들이 일을 꾸며 좋지 않았던 것처럼 [어민들이] 이야기하고 있는 것은 이나바 성주의 대접에 비교하여 [이쪽이 그들에게 대접을 하지 않은 것을 예로 들어] 이야기하는 것일 것이다. 그러나 여기에는 조금도 문제가 될 정도로 나쁜 일은 없다. 보통 있는 표류인과 달리 이번은 소중한 수인인 만큼 경호 등을 [특별히] 주밀하게 했을 뿐이다. 그러나 이것을 [그들은] 잘못 생각하여 무엇인가 [불만을] 말하고 있는 것입니다. 그렇게 오래된 일이 아니기 때문에 지금 [다시 그들을] 조사하면 그 실태는 잘 알게 될 것 아닙니까. 그 어민들이 [처음에 조사할 때] 말한 것이 실제의 일입니다. [그 이후에 말한 것은 뒤에 덧붙인 생각으로, 그것을 그저 여기에 덧붙여 이야기한 것에 불과합니다. 그렇기 때문에] 처음의 반한을 보낼 때에 [조사하신] 담당자들도 [그 두 사람이 이야기한 것을 들었으므로, 그때 조선에] 상쾌한 반한[이 될 것 같은 보고는] 할 수 없었기 마련이다. 그러나 지금의 조정이 조사할 때는 [그때부터 시간이 지나] 어민들이 말하는 것은 [수식이 더해져] 이전과 다른 사기 같은 이야기가 많아진 것으로 생각한다. 조정이 [이 교섭에] 화가 나 있으므로 [그들은] 그것에 동조하여 이렇게 말씀드리는 것이라고 추

尤当今 朝廷の情ヲ察候ニ付、彼を初め相縁け
御盛衰ニ候へハ、兵力も猶以申事ニ候へハ、殊ニ
十分御手当之一変ニ而、諸藩封列ヲ以根ニ至迄之事ニ
及ひ候を御得共候而も、其他難及心底ニ而被存
公卿大臣を始め諸藩相成之ニ付、京都ニ而
公儀之御決之通り別紙之面之通相成候様一同奉願候ニ付
封書一通差上候ニ付御覧仕候

察候今之朝廷御憤被成候程之儀を初之朝廷御聞乍被成右之快御返簡者有之間敷事ニ候へハ下々之申分斗を以一決被成対州を御恨其上両国之大事ニ及候儀を被仰聞候段者至而難心得御心底ニ奉存候殊更　公命ニ而無之儀を書簡相認候儀決而不罷成儀者慥成　公儀之証人御座候則輪番之和尚衆ニ而候尤書簡之上封をし先日書上候ニ付略仕候

察する。今の朝廷が、御憤りに成られる程の事を[すなわち、その漁民どものしでかした事を]初めの朝廷から御聞きに成っておられながら[それを今、お認めなさらないのは、いかがなものであろうか。] 右の[出来事は]快い御返翰となる筈も無いことであるのに、下々の申す[偽りの]分ばかりを[信じ切り]以て[今回の御返翰を下し置かれる事に]御一決なされた。このように対州を恨み、その上、両国の大事に及ぶような事を申し出されるに至っては[これは]考えられないような御心境であると、そのようにこちらは思っている。殊に、この[対馬からの]申し入れは、公命では無いと、そのように[偽って]書簡をしたためていると[そのように御判断なさり]このような事は決して罷り成らぬ事と[そのようにお思いになっておられる。だが、この]事は[実に大きな誤解である。]　これについては確かな公儀の御証人がいる。則ち[公儀から派遣され、対馬の以酊庵に]輪番する和尚衆である。尤も[この和尚によって、こちらからの]書簡は[全て]上封をして[そちらにお渡しする習わしである。]　先日書き上げ[そちらにお渡ししたものも、このような[和尚衆による検閲済みの]書簡である。それゆえ是非、御確認をしていただきたい。]　この[以酊庵輪番]に付いては[そちらも御承知の事であるから、さらに詳しく述べる必要はないものと思っている。それゆえ]省略させていただく。

(추)찰합니다. 지금 조정이 화를 낼 정도의 일을 [바로, 그 어민들이 저질렀다는 것을] 이전 조정 사람들한테 들으셨으면서 [그것을 지금 인정하시지 않는 것은 어찌 된 일입니까.] 위의 [사건은] 기분 좋은 반한이 될 리도 없는 일로, 아랫사람들이 말하는 [거짓말]만을 [믿고] 그리고 [이번의 반한을 내리시는 것으로] 정하셨다. 이처럼 타이슈우를 미워하고, 그 위에 양국이 위험하게 되는 어려운 일이 되게 하는 것을 말하기에 이르러서는 [이것은] 생각할 수도 없는 심경이라고, 그렇게 이쪽은 생각하고 있습니다. 특히 이 [쓰시마의] 요구는 공명이 아니라고 그렇게 [거짓이라고] 서간을 기록하고 있다고 [그렇게 판단하시고] 이러한 일은 결코 안 되는 일이라고 [그렇게 생각하시고 계신다. 그러나 이] 일은 [참으로 큰 오해입니다.] 이것에 대해서는 분명한 장군의 증인이 있습니다. 즉 [장군이 파견하여 쓰시마의 이안테이에] 윤번하는 화상들이다. 원래 [이 화상이 이쪽에서 보내는] 서간은 [모두] 상봉하여 [그쪽에 건네는 것이 관습입니다.] 지난번에 기록하여 [그쪽에 건넨 것도 이 같은 [화상들이 검열을 마친] 서간입니다. 그러니 꼭 확인하여 주었으면 합니다.] 이 [이안테이 윤번]에 대해서는 [그쪽도 알고 있는 일이므로 더 자세히 말할 필요가 없다고 생각합니다. 그런 이유로] 생략하겠습니다.

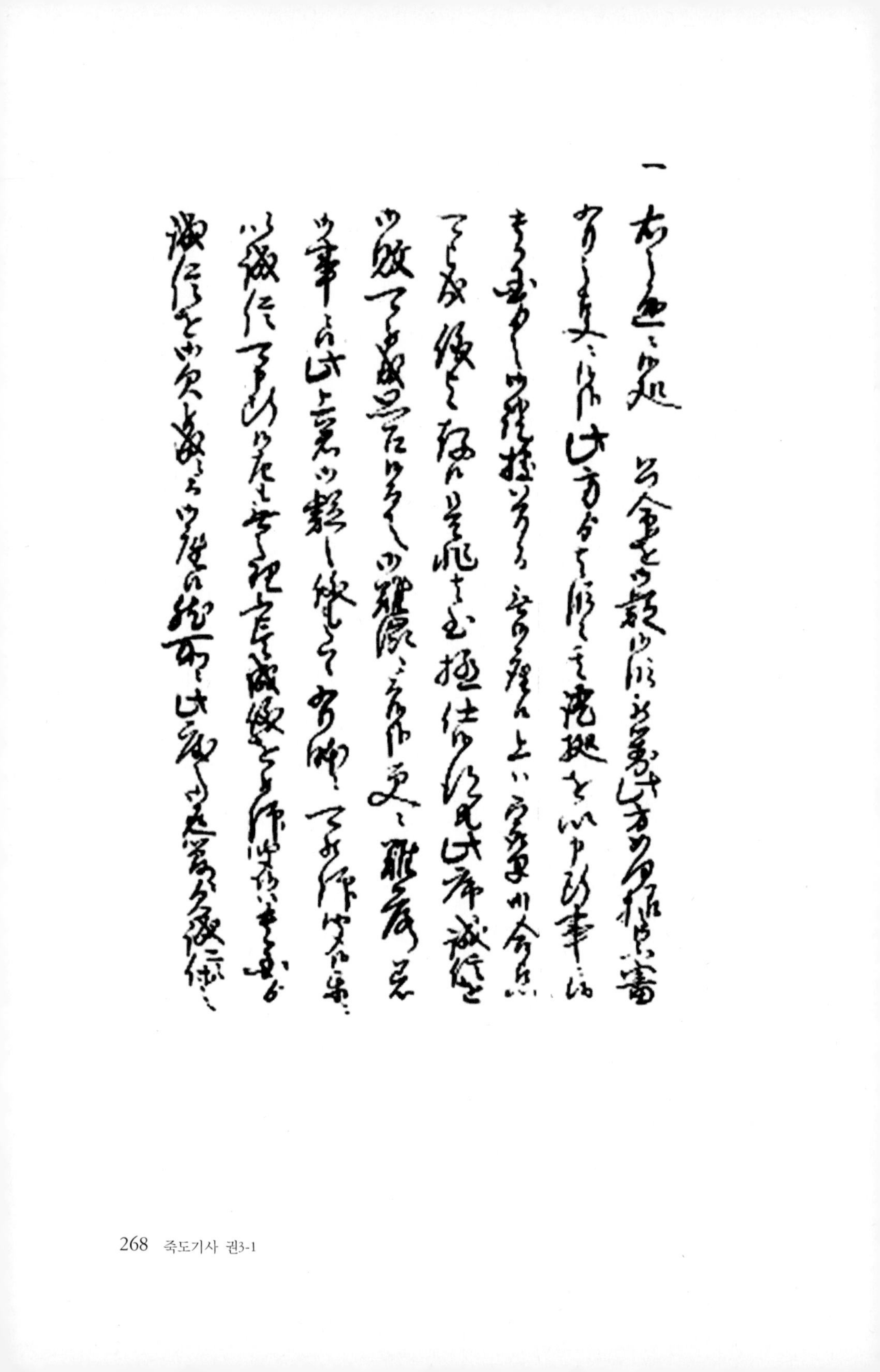

一 右之趣ニ候処 [illegible]

[illegible]

[illegible]

[illegible]

[illegible]

[illegible]

[illegible]

[illegible]

一　右之通ニ候処　公命を御疑候段被対此方如何様之御不審有之事ニ候哉此方より者段々其証拠を以申断事ニ候貴国より之御証拠曽而無御座候上ハ最早御合点可被成儀与存候是非者至極仕候得共此序ニ誠信を御敗可被成思召候而之御難渋ニ而候哉更々難落着御事ニ候此上若御疑之儀も候ハヽ有体ニ可被仰聞候互ニ以誠信可申断候左も無之理不尽成儀を被仰聞候ハ貴国より誠信を御欠被成ニ而御座候然所ニ此度之御返簡ニ欠誠信等之

一　右の通りであるが[そちらが]公命である事を御疑いになり、こちらに対し、どのような御不審をお持ちになった事であろうか。こちらからは色々と、その[公命である事の]証拠を申して参った。だが貴国から[それを否定するような]証拠は全く上がって来なかった。最早[公命で有る事を、そちらは]合点なさるべきである。[公命かどうか]その是非について[結論を下す事は、今の段階であれば]至極容易な事である。だが[是非を下す事によって]そのついでに誠信[の交流が]破綻するような事が起これば、事態は[逆に]難渋するかもしれない。[そうなれば解決への進展は無く]更に[事態は深刻となり]落着は難しい事となる。この上、もし[なおも]御疑いになるような事があれば、はっきりと[この際、こちらに]お聞かせいただきたい。互いに誠信を以て[対処し、その疑問にも誠実に]回答したいと思っている。そのような中で[なおも]この上も無い理不尽な事を[やはり]お聞かせいただくと[こちらは、ただ困惑するばかりである。これまで]貴国からは誠信[の御厚情を数多く]受けて参った。[そしてこちらからも誠信の心で努めさせていただいてきた。] そのような所に、この度の御返簡には｢誠信に欠ける｣などと[こちらを咎め、責め立てるような]

1. 위와 같으나 [그쪽이] 공명이라는 것을 의심하여, 이쪽에 대해 어떤 의심을 가지게 된 것일까. 이쪽이 여러 가지로 그것이 [공명이라는] 증거를 이야기해 왔다. 그러나 귀국이 [그것을 부정하는 것 같은] 증거는 전혀 올라오지 않았다. 이제는 [공명이라는 것을 그쪽은] 이해하셔야 한다. [공명인가 아닌가] 그 시비에 대해 [결론을 내리는 일은, 지금 단계라면] 지극히 쉬운 일이다. 그러나 [시비를 판단하는 것으로] 그것과 더불어 성신[의 교류가] 파탄하는 것과 같은 일이 생기면 사태는 [오히려] 어렵게 될지도 모른다. [그렇게 되면 해결에 대한 진전이 없고] 한층 [사태는 심각하게 되어] 낙착은 어려운 일이 된다. 그 위에 만일 [아직도] 의심이 되는 것과 같은 일이 있으면 분명하게 [이참에 이쪽에] 말해주었으면 한다. 서로 성신으로 [대처하고 그 의문에도 성실하게] 회답하고 싶다고 생각한다. 그러는 중에 [아직도] 터무니없이 이치에 어긋나는 일을 [다시] 듣게 되면 [이쪽은 그저 곤혹스러울 뿐이다. 지금까지] 귀국에서는 성신[의 후정을 수많이] 받아 왔다. [그리고 이쪽에서도 성신의 마음으로 노력하여 왔다.] 그러한데 이번의 반한에는 [성신에 어긋나는]는 등 [이쪽을 비난하고 책망하는 것 같은]

文字を書載候ら德ニ於て貴ハ於自己之誠信を不欠ハ
候ものゝ皆有之候所聖経賢伝ニ而一ニ誠信之
至要ハ論ハ今と即ち一件是非虚言を不心得候
甚ハ是ニ存之実を不被相立候様多年講究誠信
肝要之心得ニて候ハ、不被相立候儀有之候ハ、其段
暁度ニ候而御尋之上相達候而被仰達
下知掛り可有之事

文字を御書載候而他を御責被成自己之誠信を御欠候儀者御了簡無之候段難心得存候兎角両国誠信之通交ニ候得ハ今度之一件是非虚実を御正候而其是其実を御快御立候儀多年隣交誠信緊要之正路ニ而可有御座候不依レ正路儀之両国互難レ暁事ニ候間初度之御返簡ニ相違無之御返翰御快可被掛御意候事

文字が書き載せてあった。他を御責めに成られるような事とは[実は]自己の誠信を御欠きになっておられる事[であろう。しかし貴国は、この事に]御気付きになってはおられない。これは考え難い事である。兎も角も両国の関係は、誠信の通交であるべきである。それゆえ今度の一件については、是非[ことの]虚実を御正しになっていただきたい。その是となるもの、その実となるものを、快く御立てに成る事が、多年に亘り隣交誠信を続けてきた両国の、緊要の正路となるものである。この正路に依らない事が[結局]両国を互いに袋小路に追い込んでしまっている。それゆえ初度の御返翰に[まず立ち返る事で、そこに記された事実に]相違はない。その御返翰を[土台にして、そこから互いに]御快く申し掛けを行うべきである。そのような[誠信の通交が、今後も維持される]事が[公儀の]御考えである。[以上、朝鮮に対し、このような申し入れが成されるべきであり、そのように私は思っております。]

문자가 기재되어 있다. 남을 질타하는 것과 같은 일이란 [실은] 자기의 성신이 결여되어 있는 일[일 것이다. 그러나 귀국은 이것]을 알지 못하고 계신다. 이것은 생각하기 어려운 일이다. 어쨌든 양국관계는 성신의 통교여야 한다. 그렇기 때문에 이번의 일건에 대해서는 필히 [일의] 허실을 바로 판단하여 주기를 바란다. 그 옳다는 것, 그 사실이라는 것을 기분 좋게 밝히는 일이 다년에 걸쳐 인교성신을 지속해 온 양국의 긴요한 정도가 되는 것이다. 이 정도에 따르지 않는 일이 [결국] 양국을 서로 막다른 골목으로 몰아넣고 있다. 그래서 처음의 반한으로 [먼저 돌아가는 것으로, 그곳에 기록된 사실에] 잘못이 없다. 그 반한을 [토대로 하여, 그곳에서 서로] 기분 좋게 이야기를 시작해야 한다. 그러한 [성신의 통교가 금후에도 지속한다는] 것이 [장군의] 생각이다. [이상과 같이 조선에 대하여, 이와 같은 요구가 이루어져야 한다고 그렇게 저는 생각하고 있습니다.]

一 此度之書翰被差越候方之存寄之趣意を好而先
例を以書翰之書直候文之趣意ニ因茲ニハ不存之様ニ省
之様之道理ニ無之事ニ候得共此方之了簡ニハ不被致候
被存候是非ニも何とか可有之哉と存候得共文ニハ不相見
障是ハ此障相之申分而已無用ニ被存候之趣ヲ承届候

一 此度之御用致落着彼方より御返簡之趣向を好候共先使被差出置候注文之趣向与同意ニ而無之様御了簡被遊被置度御事ニ奉存候御望之奥意ハ不被仰聞 彼方より是程ニ者何と可有之候哉与申聞候を夫ハケ様之障是ハ此障抔与申候而兎角彼方之持出候様ニ被成

一 この度の御用が落着し、あちらからの御返翰の内容が[たとえ]良くなっても、先の使者が差し出した註文の内容と[全く]同じようなものが[ここで修正され、こちらに来る事は]ありません。[外交交渉とは五分五分で収まるもので、それが四分六分で優位に収まれば上々の事でございます。]そのように御考えになって置かれたほうがよいと思います。[公儀が]御望みする奥意は[果たしてどのようなものでございましょうか。こちらでは、まだその奥意を、しっかりとは]聞かされておりません。[だからどこまで強行して主張を貫き通してよいのか、なお不明の所がございます。]また、あちら[朝鮮]からの[真意も不明で]このような場合、どのようで有ったらよろしいのかと、そのように[こちらから]聞いても、それはこのように障害が有る、これはこのように障害が有るなどと言って、兎角、あちらの持ち出す[様々な]考え方によって[色々と振り回されてしまいます。どこまで、それを認めてよいのか分からなくなります。そのような状態でありますので、結局のところ我々が]

1. 이번의 용건이 낙착되어 저쪽의 반한 내용이 [설령] 좋게 되어도 앞의 사자가 제출한 주문의 내용과 [똑]같은 것이 [여기서 수정

되어, 이쪽으로 오는 일은] 없습니다. [외교교섭이란 5부 5부로 결정되는 것으로, 이것이 4부 6부로 우위를 차지하면 아주 잘 된 일입니다.] 그렇게 생각해 두시는 것이 좋다고 생각합니다. [장군이] 원하는 깊은 뜻은 [과연 어떠한 것일까요. 이쪽에서는 아직 그 깊은 뜻을 완전히는] 듣지 못하였습니다. [그러므로 어디까지 강행하여 주장을 관철하는 것이 좋은 것인지 아직 분명하지 않은 점이 있습니다.] 또 저쪽 [조선]의 [진의도 불명하여] 이러한 경우, 어떻게 해야 하는 것이 좋은 것일까 라고, 그렇게 [이쪽에서] 물어도, 그것은 이와 같이 장애가 있습니다. 이것은 이렇게 장애가 있다는것 등을 말하여, 어쨌든 저쪽이 제기하는 [여러 가지] 생각에 따라 [여러 가지로 휘둘리고 맙니다. 어디까지 그것을 인정해도 좋은 것인지를 알 수 없게 됩니다. 그러한 상태이므로, 결국은 우리들이]

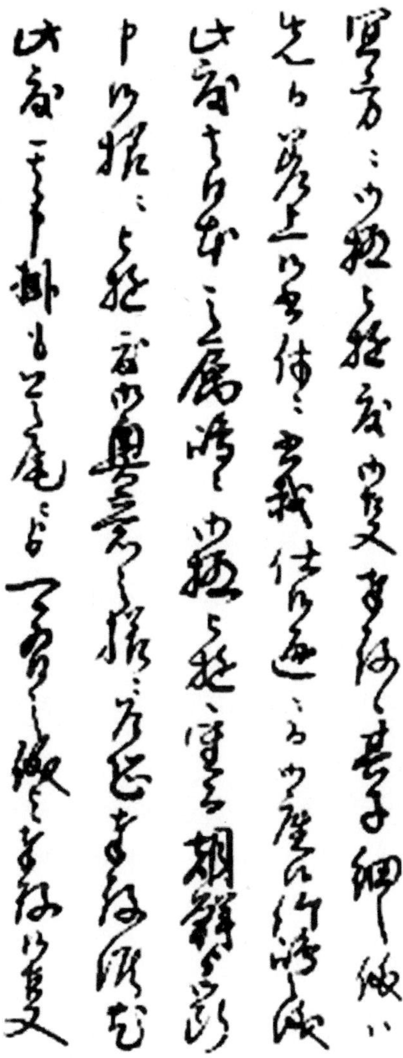

宜方ニ御遊度御事奉存候其子細之儀ハ先日差上候書付ニ書載仕候通ニ而御座候竹嶋之儀此度者日本之属嶋ニ御極被遊重而朝鮮より御断申候様ニ被遊度御奥意之様ニ乍恐奉存候尤此度其申掛も首尾ニより可有之儀与奉存候事

宜しい[と考える]方向に[思いを定め、方針を]御決定なさる事[が、この際、大切な事]でございましょう。その子細については、先日[私が]差し上げました書付けに書き載せた通りでございます。[その要点について繰り返せば]竹嶋の事は、この度は日本の属島に御決定なさり、再び朝鮮から[漁民が渡って来るような事は]御断り申すようになさるべきでございます。[それが公儀の]御奥意の様に、恐れながら考えるからでございます。尤も、この度[彼の国へ]そのような申し掛けをしても[こちらの]首尾によっては[成らぬ事も有り得ます。それゆえ使者の果たす役割は]とても重要で有ると考えます。

좋다[고 생각하는] 방향으로 [마음을 정하고 방침을] 결정하시는 것[이 이번에 중요한 일]일 것입니다. 그 자세한 것에 대해서는 지난번에 [제가] 바쳤던 서부에 기재한 대로입니다. [그 요점에 대해 다시 말한다면] 죽도의 일은, 이번에는 일본의 속도로 결정하시고, 다시 조선에서 [어민이 건너오는 것과 같은 일은] 거절하도록 하셔야 합니다. [그것이 장군의] 마음속의 뜻이라고 삼가 생각하기 때문입니다. 원래 이번에 [그 나라에] 그와 같은 요구를 한다 해도 [이쪽의] 사정에 따라서는 [이루어지지 않는 일도 있을 수 있습니다. 그렇기 때문에 사자가 수행하는 역할은] 참으로 중요하다고 생각합니다.

一 此度之一件、此方之御勝利被成候段、首尾
能相[illegible]候、就夫[illegible]掛ニ而却而利ニ失ひ候之も
有之候ニ付、御勝負之事其[illegible]ニ候得共
係合事ニ御座候、先ハ右迄申遣、利[illegible]
其元ニ而も[illegible]、朝廷之御為ニ候、朝廷ニ[illegible]
申掛之処[illegible]其元ニ而[illegible]
致し、右係合事ニ付[illegible]一[illegible]

一 此度之一件此方之御勝利彼方之越度ニ相極候様ニ奉存候然共致掛ニより却而利を失候事も有之儀ニ候得者必勝難決奉存候緩急者可依勢事ニ候得共先ハ急過申候ハヽ失利可申哉与奉存候已前之朝廷与唯今之朝廷与同前ニ存申掛候ハヽ宜間敷哉与奉存候其次第様子之儀者其時之可依勢事ニ候得ハ唯今より者難一決御事

一 この度の一件は、こちらの御勝利、あちらの落ち度と、そのように決定する事になると考えます。しかしながら対処の仕方によっては、却って、その利を失う事も有り得ると考えます。それゆえ[今の段階では]必勝は決め難く思うところでございます。[そもそも交渉において、その]緩急は勢いに依るべき事でありますが、先ず急ぎ過ぎては[つまずきのもとで]その利を失う事が[数多く]ございます。以前の朝廷と唯今の朝廷とを同前に思い[不用意に]申し掛けたならば、宜しく無い結果を招きます。その[交渉の]次第[交渉の]様子は、その時の勢いに依るべき事であり、唯今から[予測し]一決するような事は難しい事でございます。

1. 이번의 일건은 이쪽의 승리 저쪽의 패배로, 그렇게 결정되는 일이 될 것으로 생각합니다. 그러나 대처하는 방법에 따라서는 오히려 그 이익을 잃는 일도 있을 수 있다고 생각합니다. 그렇기 때문에 [이번 단계에서는] 필승은 정하기 어렵다고 생각하는 바입니다. [원래 교섭에 있어 그] 완급은 흐름에 의거해야 하는 일입니다만, 너무 서두르는 것은 [좌절의 근원으로] 그 이익을 잃

는 일이 [많이] 있습니다. 이전의 조정과 지금의 조정을 같은 것으로 생각하고 [준비 없이] 이야기를 시작한다면 좋지 않은 결과를 초래합니다. 그 [교섭] 여하로 [교섭의] 상황은 그때의 흐름에 따라야 하는 일로, 지금부터 [예측하고] 결정하는 것과 같은 일은 어려운 일입니다.

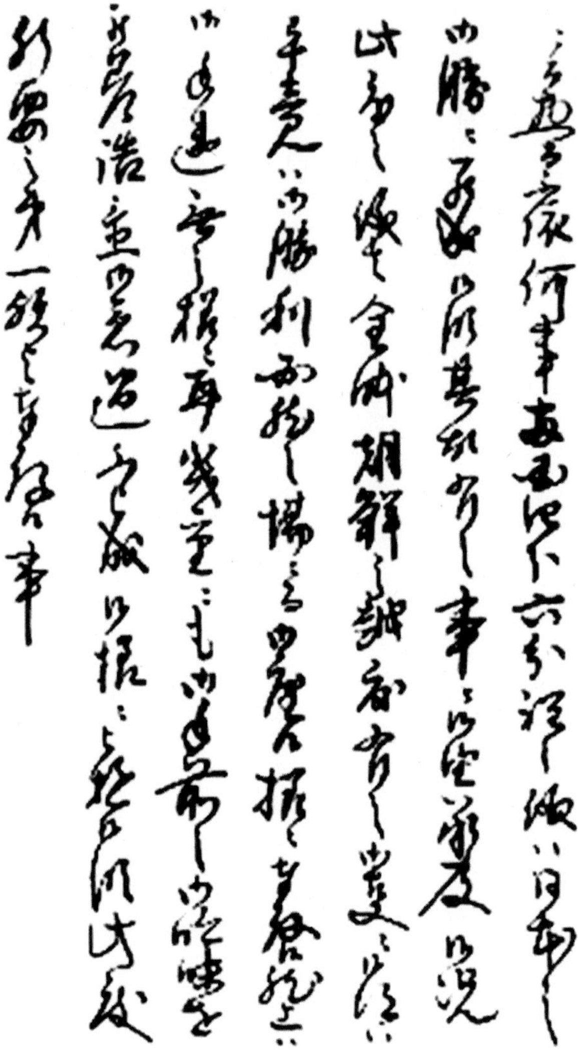

ニ候惣而不依何事両国四分六分程之儀ハ日本之御勝ニ罷成候段其故有之事ニ候由承及候況此度之儀者全体朝鮮之越度有之御事ニ候得ハ畢竟ハ御勝利必然之場ニ而御座候様ニ奉存候然上ハ御手違無之様ニ耳幾重ニも御手前之御吟味を被差詰置御急過不被成候様ニ被遊候段此度肝要之第一歟与奉存候事

ですが一般的に言えば、何事に依らず両国[の力関係]は四分六分程の事であり[少し優位にある]日本が御勝ちに成る事も[十分に]その理由がございます。そのような[結果に至る事を予測する噂なども]聞き及んでおります。ましてや、この度の事は、全体的に言えば、朝鮮側の落ち度となる事が[数多く]ございます。それゆえ畢竟[日本の]御勝利となる事は、必然の場であると考えます。そうでありますので、御手違いをなさらないよう、しっかりと、こちらの側で御検討を重ね、対処なさるのがよいと思います。先ずは御急ぎ過ぎに成らないよう[ゆっくりと]対処なさるのが、この度の交渉において肝要の第一かと存じます。

그러나 일반적으로 말하자면 어떤 일이고 양국[의 세력관계]는 4부 6부 정도의 일로 [조금 우위에 있는] 일본이 이기게 되는 것도 [충분히] 그 이유가 있습니다. 그러한 [결과에 이르는 일을 예측하는 소문 등도] 듣고 있습니다. 무엇보다 중요한 것은 이번의 일은 전체적으로 말하자면 조선 측의 과실로 끝나는 일이 [많이] 있습니다. 그렇기 때문에 필경 [일본의] 승리가 되는 것은 필연이라고 생각합니다. 그러하므로 실수를 하지 않으시도록 충분히 이쪽에서 거듭 검토하며 대처하시는 것이 좋다고 생각합니다. 일단은 서두르는 일이 없도록 [천천히] 대처하시는 것이 이번 교섭에 있어 제일 간요하다고 생각합니다.

一
此度御用ニ付当両家之方ゟ差上候段至而大切成
御事ニ相成候ニ付此御用一年ニ而ハ不為
相勤支配之儀ハ事務御座候ニ付其上又ハ
御止ニ相成可然掛リ之儀ハ幾年御用相勤候共
此御用数年御掛リニ而も難相勤年ニ御座候
支配中幾年差及二三年ニ而候又ハ及数年支配
勝手勤之儀ハ以後御用ニ而数年之間ハ引受候
御物入を大分ニ相成御座候此所恐入候間御届

一 此度御用ニ付御商売之方被差止候儀至而大切成御事之様ニ奉存候乍然此御用一年之内ニも急度相詰り両国之存亡事済候儀ニ候ハヽ御送使迄も御止被成可被仰掛儀歟与奉存候若左も無之候ハヽ此御用幾年御掛可被成も難相知御事ニ御座候両国申募り若及二三年候歟又者及大事両国騒動之体ニ罷成候ハヽ如何可被遊候哉其節罷成候程御物入者大分之儀ニ御座候此段乍恐能々御了簡

一 この度の御用に付き、御商売(貿易)の方が差し止めになる事は、至って重大な事であると考えます。然し乍ら、この[竹嶋一件の]御用は[おそらく]一両年の内には必ず終了してしまうもので[ございましょう。だが貿易の停止は、もしも起これば、何年にも亘り続き、それは]両国の存亡に関わる事でございます。それゆえ[貿易を担当する]御送使までも御止めに成ることを[あちらへ]申し掛けるような事は[決してなさってはなりません。] もしも、この[貿易停止のような歯止めになる]ような事が無ければ、この[竹嶋の]御用は幾年掛かるか分からないほどの難しい交渉でございます。両国が[互いに]申し募り、もし[紛糾のまま]二、三年に及べば、さらに又[武を以て解決を図るような]大事に及べば[一体どうなる事でございましょうか。] 両国が[国を挙げて]騒動の体制に入ったならば[両国を斡旋する対馬の立場は壊滅です。そのような時、我々は]どのように行動すべきでしょうか。その節に[なって、始めて]事を収めようとすれば、それに必要な物入り(経費)は、大変な額となってきます。この事も、恐れ乍ら[予め]よくよく御検討し、

1. 이번 용건으로 상매(무역) 쪽이 금지되는 일은 참으로 중대한 일이라고 생각합니다. 그러나 이 [죽도일건]의 용건은 [아마도] 1, 2년 안에는 반드시 종료되고 마는 일[이겠지요. 그러나 무역의 정지는, 만일 일어나게 되면 몇 년에 걸쳐 지속되어, 그것은] 양국의 존망에 관한 일입니다. 그렇기 때문에 [무역을 담당하는] 송사까지도 정지되게 되는 것을 [저쪽에] 말하는 것과 같은 일은 [절대로 해서는 안 됩니다.] 만일에 이 [무역정지와 같은 제동장치가 되는] 일이 없으면 이 [죽도의] 용건은 몇 년 걸릴지 알 수 없을 정도로 어려운 교섭입니다. 양국이 [서로] 주장하여, 혹시 [분규하는 상태로] 2, 3년에 이르면 또다시 [무력으로 해결하려고 하는 것과 같은] 큰일이 일어나면 [도대체 어떻게 되는 일일까요.] 양국이 [거국적으로] 소동체제에 빠진다면 [양국을 알선하는 쓰시마의 입장은 파멸입니다. 그러할 때 우리들은] 어떻게 행동해야 할까요. 그때[가 되어 비로소] 일을 수습하려고 하면, 그것에 필요한 투자(경비)는 대단한 금액이 될 것입니다. 이 일도 조심스럽게 [미리] 잘 검토하여

可被成御座候、其段ニて相止候ハヽ、尤も一理有之
度候得共、兩度是ゟ彼方合点ニ仕候儀難
成様ニ存候、是迄之通ニ候ハヽ去年ゟ付候迄ニ候
而ハ、此儀仕候様ニ無之候而ハ彼是難成儀ニ候止
ミ候ても御掛合無之候而ハ事済申間敷事
右之通相成候ニても、其通ニ候ハヽ論議ニ及
申上候様ニと被仰付候ニ付、此儀急度無御座候
可然存候、御吟味可被仰付候、以上

七月十二日

瀧 六郎右衛門

可有御座儀ニ奉存候尤相止候了簡も一理有之事ニ候得共必定是ニ而彼方合点可仕儀共難決様ニ奉存候先危儀ニ而御座候付御延引被成右ニ書載仕候様ニ通好之道御破為難被成御止不被成与被仰掛置度御事歟与奉存候事

右之通存極候儀ニ而も無御座候得共当分之存寄申上候様ニ与被仰付候ニ付書載仕候不宜儀耳可有御座候間御吟味被仰付可被下候已上

七月十二日　　　　　　滝六郎右衛門

御考慮なさって置くべき事でございます。尤も[急ぎ解決を図ろうとして、貿易を一旦]停止するような考え方も[交渉の選択肢として]一理ある事ではありますが、これによって必ず、あちらは合点なさると、そのような事は決め難い事でございます。これは先ず以て危険な[賭けの如き]事でございますので[今のところ選択肢から外しておかれた方がよいと考えます。ともかくも急ぎ過ぎず、ここは]御延引に成られ、右に書き載せた様に、通好の道を破綻させる事なく[また貿易を]停止させる事なく[この竹嶋の一件にだけ限定し、交渉を続けると]そのように[先ずは、あちらへ]申し入れをして置きたいものでございます。

右の通り[このような意見を申し上げました。これは殊更に]思い定めた事ではありませんが、今現在、思っていることを申し上げる様にと、そのように仰せ付けられましたので[思いに任せ]書き載せたものでございます。[意図なさったことに合致しない]ふさわしく無い事ばかりを[書き載せている事で]ございましょうが、どうぞ御吟味の上で[さらに御意見、御指示を]御命じ下さい。以上でございます。

七月十二日　　　　　　滝六郎右衛門

고려하여 두셔야 하는 일입니다. 원래 [서둘러 해결하려고 하여 무역을 일단] 정지하려고 하는 생각도 [교섭의 선택지로는] 일리가 있는 일입니다만, 이것으로 반드시 저쪽이 동의한다고, 그러한 것은 정하기 어려운 일입니다. 이것은 참으로 위험한 [도박과 같은] 일이기 때문에 [지금은 선택지에서 제외시켜 두는 것이 좋다고 생각합니다.] 어쨌든 너무 서두르지 않고 여기서는] 길게 끌어, 위에 기재한 것처럼 통호의 길을 파탄시키는 일 없이 [또 무역을] 정지시키는 일 없이 [이 죽도일건에 한정하여 교섭을 계속한다고] 그렇게 [일단은 저쪽에] 요구해두고 싶습니다.

위와 같이 [이러한 의견을 말씀드렸습니다. 이것은 특별히] 결정한 것이 아닙니다만, 지금 현재 생각하고 있는 것을 말씀드리라고 그렇게 명받았기 때문에 [생각한 대로] 기재한 것입니다. [의도하신 것에 합치하지 않는] 어울리지 않는 일만을 [기재하고 있]겠습니다만, 잘 검토하신 후에 [다시 의견, 지시를] 명하여 주세요. 이상입니다.

7월 12일　　　　　　　　로우 로쿠로우에몬

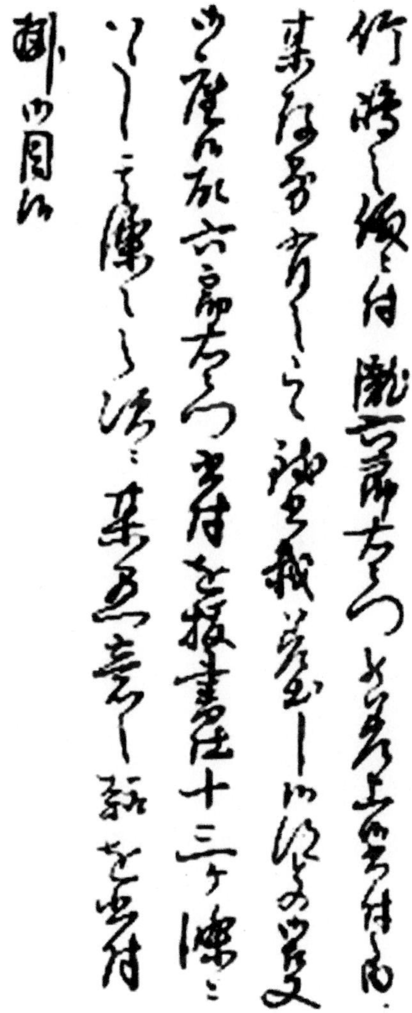

(36-12)

竹嶋之儀ニ付滝六郎右衛門被差上候書付之内ニ某存寄有之候ハヽ致書載差出し候得との御事御座候故六郎右衛門書付を抜書仕十三ヶ条ニいたし其条々之次ニ某愚意之趣を書付掛御目候

(36-12)

[陶山庄右衛門から藩老への書簡]

竹嶋の事に付き、滝六郎右衛門が差し上げた書付けの内容について、私(陶山庄右衛門)に思う所が有れば、これを書き載せ差し出すようにと、そのような[御命令の]事が[この度]御座いました。そこで六郎右衛門の書付けを抜き書きにして、それを十三箇条にまとめました。その箇条ごとに、私の考えを書き付け、御目に掛けることに致します。

(36-12)

[스야마 쇼우에몬이 번로에게 보낸 서간]

죽도의 일에 대해 로우 로쿠로우에몬이 제출한 서부의 내용에 대하여 저(스야마 쇼우에몬)에게 생각하는 것이 있으면 이것을 기록하여 제출하도록 하라는, 그렇게 [명령하는] 일이 [이번에] 있었습니다. 그래서 로우 로쿠로우에몬의 서부를 발췌하여 그것을 13개조로 정리하였습니다. 그 개조마다 저의 생각을 기록하여 보여 드리는 것으로 합니다.

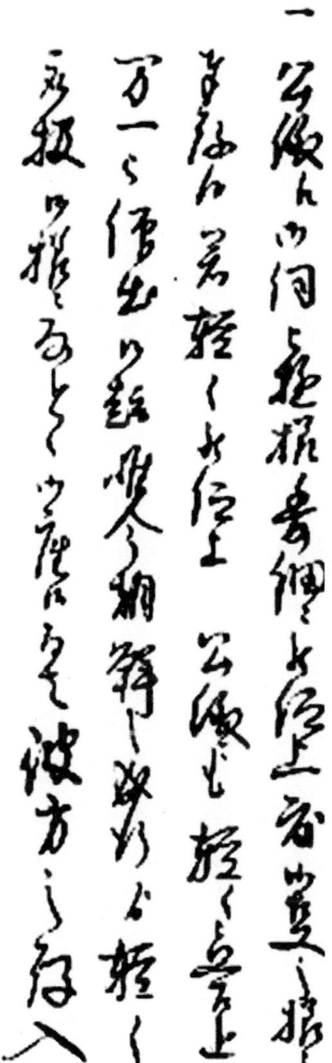

一 公儀江御伺被遊様委細ニ被仰上度御事之様ニ奉存候若軽く被仰上　公儀ニも軽く被思召上万一被仰出候趣唯今朝鮮之成行より軽く取扱候様ニなとゝ御座候而者彼方之存入

一　滝の意見

公儀へ御伺いをなさる場合、まず委細に[事の事情を]御報告なさる事[が何よりも重要である]と思います。もし軽く御報告なさり、公儀も軽く御了解なさったならば、万一の事ではありますが[公儀から朝鮮へ向けての]御命令が[軽く]下って参ります。[そのような場合]唯今の朝鮮の成り行きでは[それをそのまま伝える事は困難でございます。ここで朝鮮に対し]軽く取り扱うような事をすれば、あちらは[一体どのように、こちらを]思う事でしょう。

1. 로우의 의견

장군을 방문하실 경우에는 먼저 자세하게 [일의 내용을] 보고하시는 일[이 무엇보다 중요하다] 라고 생각합니다. 만일 가볍게 보고하시어, 장군도 가볍게 이해하셨다면, 만일의 일이기는 합니다만 [장군이 조선을 상대로 해서 하는] 명령이 [가볍게] 내려옵니다. [그러할 경우] 지금 조선의 흐름으로는 [그것을 그대로 전하는 것은 곤란합니다. 여기서 조선을] 가볍게 취급하는 것과 같은 일을 하면 저쪽은 [도대체 어떻게 이쪽을] 생각할까요.

候ハゝ右大和殿御文之様子奉承知度候
ゟ何も得と御内意ニて御返事被成候得共
御座候様ニ奉存候　公儀ゟ御用ニ付相尋候ハゝ
御用ニ付来ル二日御屋敷江罷出候ハゝ先其趣を委細
御頼申被成て其趣を相尋候様御頼被成候も
被成候而御座候様ニ奉存候

往々ニ至而大切成御事之様ニ奉存候唯有之侭ニ被仰上被得御内意候ハヽ諸事被遊能可有御座哉与奉存候　公儀者御用之本朝鮮ハ御用之末ニ而御座候得ハ先其本之主意を御極め被遊候ハヽ其末之朝鮮之儀者如何様ニも被遊能可有御座哉与奉存候

これは往々にして、至って大切な事に[進展して行くように]思います。それゆえ唯これを有るが侭に[公儀に]御報告なさり[実情をよく伝え、交渉方針について、公儀の]御内意を得て置くべきでございます。そのようになれば[その後の事は]諸事よく運ぶようになると思います。公儀は御用の本であり、朝鮮は御用の末でございます。それゆえ先に、その根本の主意を[伺い]御決めになれば、その末の朝鮮の事は、如何様にも能く対応できるようになると思います。

이것은 왕왕 있는 일로, 결국에는 중요한 일로 [진전될 것으로] 생각합니다. 그렇기 때문에 그저 이것을 있는 그대로 [장군에게] 보고하시어 [실정을 잘 전하여, 교섭방침에 대해 장군의] 허락을 받아 두어야 합니다. 그렇게 되면 [그 후의 일은] 모든 일이 잘 진행될 것이라고 생각합니다. 장군은 용무의 근원이고 조선은 용무의 끝입니다. 그렇기 때문에 먼저 그 근본의 주된 뜻을 [물어서] 정하게 되면, 그 끝인 조선의 일은 어떻게든 잘 대응할 수 있을 것으로 생각합니다.

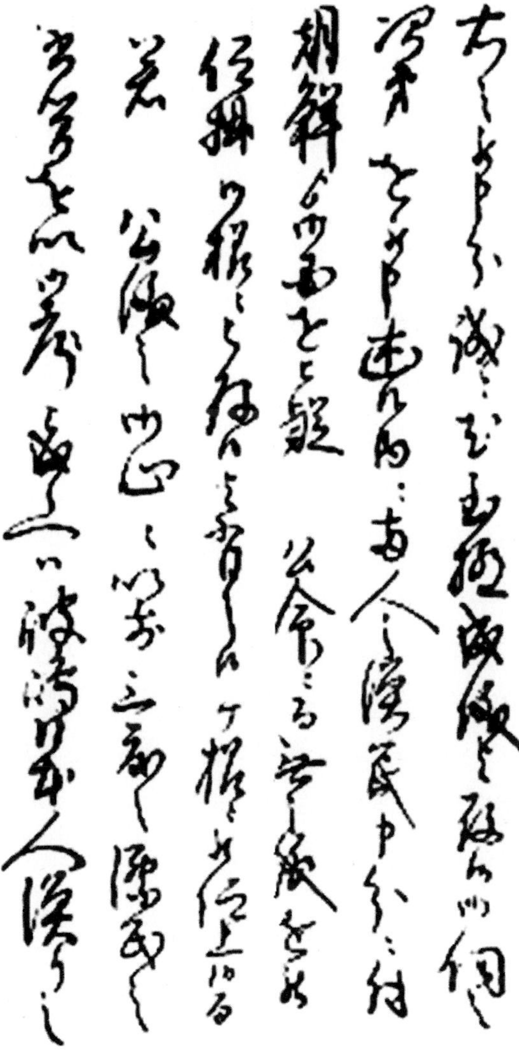

右之被申分誠ニ尤至極成儀与存候御伺之次第を被申述候内ニ両人之漁民申分ニ付朝鮮より御国を被疑　公命ニ而無之儀を被仰掛候様ニ被存候与有之候ケ様ニ被仰上候而若　公儀之御心ニ以前三度之漂民之書簡を以御考被成候ヘハ彼嶋日本人漁り之

私の意見

右に申される分は、誠に尤も至極であると思います。[公儀への]お伺いの次第が[ここで]述べられています。その中には、漁民二人の証言によって、朝鮮から御国(対馬)が疑われている事がございます。これは公儀の御命令では無いのではないかと、朝鮮から、そのような仰せ掛けがある様に思われるとあります。このように報告なさると[公儀は奇異に感じられるかもわかりません。]もし公儀の御心が、以前三度の漂民の書簡を以て御考えに成っておられるのであれば、彼の嶋は日本人が漁業を営む場所であると、そのような御理解が[すでに公儀には]ございます。それは朝鮮にも能く知られた事実であると、そのようにお考えになっておられる事と思います。そうであるならば、日本人が漁業を営む

나의 의견

위에서 말씀하신 것은 그야말로 당연하다고 생각합니다. [장군을] 찾아뵙는 것 자체를 [이곳에서] 말씀하셨습니다. 그중에는 어민 두 사람의 증언 때문에 조선이 나라(쓰시마)를 의심하고 있다 라는 것이 나와 있습니다. 이것은 장군의 명령이 아닌 것 아닌가 라고, 조선이 그렇게 말한 일이 있었던 것처럼 생각된다고 되어 있습니다. 이렇게 보고되면 [장군은 기이하게 생각하실지도 모릅니다.] 만일 장군의 마음이 이전에 세 번 있었던 표민에 관한 서간을 근거로 해서 생각하고 계시는 것이라면, 그 섬은 일본인이 어렵을 하는 장소라고, 그러한 이해가 [이미 장군에게는] 있습니다. 그것은 조선에도 잘 알려진 사실이라고 그렇게 생각하고 계실 것으로 생각합니다. 그렇다면 일본인이 어업을 하는

場所ニ而候朝鮮へ程も存寄候段ニ相
見え候然ニ日本人渡り候場所ニ而朝鮮人
と鮑取候事ニ候鮑取之節ニ付而も
不行違候朝鮮へ被下候へ共
不存候ニ而此方筈之事ニ候江戸ニ而
越度候之事ニ候入会ニ而今日渡候

場所ニ而候段朝鮮ニ能被存たる儀与相見候然者日本人漁り之場所ニ此度朝鮮人罷越候故重而不罷越様ニ被申付候へと被仰達候段朝鮮之心ニケ様可有之事与被存筈ニ而候此度対馬より之書簡ニ記し候趣者漂民之書簡之意ニ合ひ両人之漁民

場所に、この度、朝鮮人が罷り越したのであるから、再び朝鮮人が島に渡り来る事が無いよう[あちらに]申し伝えるよう[対州に]御命じになられたのは当然の事でございます。そのような事は、朝鮮の御方針として、このようで有って欲しいと[そのように公儀が]思った事から発せられた筈でございます。この度、対馬から[朝鮮へ差し遣わした]書簡の趣旨は、この[三度の]漂民の書簡が記す通り[日本漁民が島で漁労を営んでいたという]意に合致いたします。また二人の漁民が

장소에, 이번에 조선인이 넘어온 것이므로 다시 조선인이 섬에 건너오는 일이 없도록 하라고 [저쪽에] 전달하도록 하라고 [타이슈우에] 명령하신 것은 당연한 일입니다. 그와 같은 일은 조선에 대한 방침으로 이렇게 되어야 한다고 [그렇게 장군이] 생각하고 있는 것에서 발생했기 마련입니다. 이번에 쓰시마에서 [조선에 보낸] 서간의 취지는, 이 [세 번의] 표민에 대한 서간이 기록하는 대로 [일본어민이 섬에서 어로를 하고 있었다고 하는] 것과 합치됩니다. 또 두 사람의 어민이

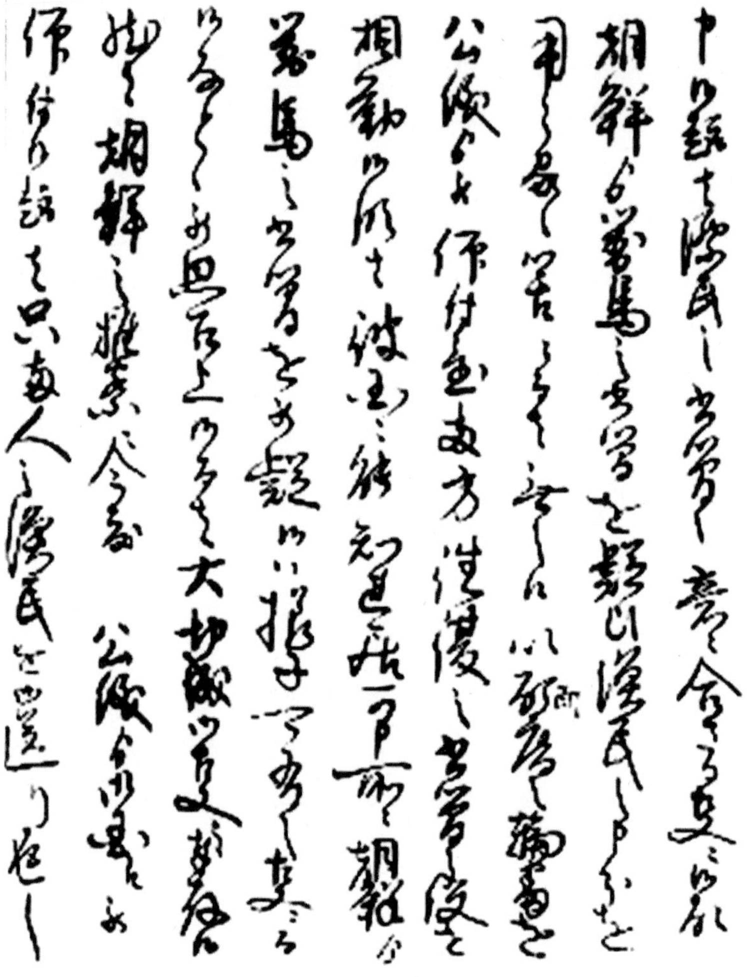

申上候趣者漂民之書簡之意ニ合たる事ニ候故朝鮮より対馬之書簡を疑ひ漁民之申分を用らるゝ筈ニ而者無之候以酊庵之輪番を　公儀より被仰付置両方往復之書簡之役を相勤候段者彼国ニ能知連居可申所ニ朝鮮より対馬之書簡を被疑候ハ様子可有之事ニ而候なとゝ被思召上候而者大切成御事与奉存候然者朝鮮之推察ニ今度　公儀より御国江被仰付候趣者只両人之漁民を御送り返し

[朝鮮の朝廷に]申し上げた[島に渡った結果、日本人に捉えられたという]趣旨は、この漂民の書簡[に記した通りの事で、日本人が島に居て、漁労を営んでいたという]その内意と合致致します。それゆえ朝鮮から[これまで親しく交流のある]対馬の書簡を疑い[敢えて、海禁を犯すような]漁民の言い分を用いる筈は有りません。以酊庵の輪番が公儀から命じられ[この対馬に]付け置かれ[朝鮮と対馬との]両方の往復書簡[を検閲する]御役を勤めている事は、彼の国には能く知れ渡っている所です。そのような所に、朝鮮から対馬の書簡が疑われるのは[有る筈の無いことです。しかし実際には疑われており、これでは公儀から]様子が少しおかしいのではないかと[そのように]訝しく思われてしまいます。それは[朝鮮との交流の御役を命じられている我が藩にとって]由々しき事でございます。そうであるならば、このような[疑問を持つ]朝鮮の推察に対し[今一度、詳しい説明を、あちらに向けて行わねばなりません。朝鮮の推察というのは]この度、公儀から御国へ御命令のあった趣旨が、単に二人の漁民を[朝鮮に]送り返す

[조선의 조정에] 말씀드린 [섬에 건너간 결과 일본인에게 붙잡혔다고

하는] 취지는, 이 표민의 서간[에 기록한 대로의 일로, 일본인이 섬에서 어로를 하고 있었다고 하는] 그 내용과 합치합니다. 그렇기 때문에 조선에서 [지금까지 교류하고 있는] 쓰시마의 서간을 의심하고 [일부러 해금을 범하는] 어민이 말하는 것을 믿을 리는 없습니다. 이안테이의 윤번이 장군의 명을 받고 [이 쓰시마에] 있으며 [조선과 쓰시마] 양방의 왕복서간[을 검열하는] 역할을 하고 있다는 것은 저 나라에 잘 알려진 일입니다. 그러한데 조선이 쓰시마의 서간을 의심한다고 하는 것은 [있을 수 없는 일입니다. 그러나 실제로는 의심받고 있어, 그래서 장군은] 상황이 약간 이상한 것이 아닌가 라고 [그렇게] 이상하게 생각하시고 맙니다. 그것은 [조선과 교류하는 역할을 명받고 있는 우리 번에게는] 중대한 일입니다. 그렇다면 이와 같은 [의문을 가지는] 조선의 추찰에 대해 [지금 다시 자세한 설명을 저쪽에게 하지 않으면 안 됩니다. 조선의 추찰이라는 것은] 이번에 장군이 쓰시마에 명령한 것의 취지가 단지 두 사람의 어민을 [조선에] 돌려보냈을

御機嫌よく被成候よしの御事にて何より目出度存上参らせ候
被遊候を承り誠に有難御礼の 申上し
思召切に御機嫌恐入候に付御祝儀人々迄被遣候
一御祝儀様より御申付候御尋候迄御機嫌も
御機嫌にも御座候よし其御事に御座候御礼も
上意を御承知に御機嫌よくよろしく申上まいらせ候
様へも御頼み御様子に御申付の御機嫌へも御座候
御喜び様へ申上候文共宜敷御取なし
御申上まいらせ候 かしく
刑部様まいる

被成候得との御事ニ而候所ニ御国より此度彼嶋を日本之属嶋ニ御極め公儀江之御忠切ニ被成御心入ニ而朝鮮人重而彼嶋ニ不罷越様ニ被申付候得与書簡ニ御載せ可被成由被仰上其通りニ被仰遣候得者上意を御蒙り被成たるにて可有之与推察被仕候様子ニ御聞及被成候与被仰上度御事之様ニ奉存候且又与左衛門殿東莱江御申達候趣を被仰上候時　刑部様を

だけの所であったのを、御国からは、この度の機会に、彼の島を日本の属島に決定し、公儀への忠誠心を示そうとする御心入れ(企み)があったのではないか[そのような企みによって、この度の交渉を始めたのではないかと、そのように疑っています。] 朝鮮人[漁民]が再び彼の島に渡って来ないよう[海辺の民たちに]申し付けを行っていただきたいと[朝鮮への]書簡に書き載せる必要があると、そのように[対馬から]公儀へ報告があり[公儀の了解を取ったのだとするものです。そして]その通りに[朝鮮へ]申し伝えを行って来たのだと[朝鮮の側は理解しています。これでは確かに]上意を蒙っての交渉と言う事になりません。そのような[対馬の企みとの]推察を[あちらは]行っていると思われます。そのような伝聞が、こちらに聞こえて参ります。このような[誤解のある]事は[是非、公儀に]御報告なさるべき事と思います。そして又[別途、公儀へ御報告なさるべき事がございます。滝六郎右衛門が述べた中に、次のような事がございました。すなわち]与左衛門殿が東莱へ向けて申し伝えた趣旨の中で、刑部様(宗義真)を

뿐이었는데, 쓰시마는 이번 기회에 그 섬을 일본의 속도로 결정하여, 장군에게 충성심을 보이려고 하는 마음(의도)이 있는 것은 아닌가

[그러한 기도에 따라, 이번의 교섭을 시작한 것은 아닌가 라고, 그렇게 의심하고 있습니다.] 조선인 [어민]이 다시 그 섬에 건너오지 않도록 [해변의 사람들에게] 명을 내려달라고 [조선에 보내는] 서간에 기재할 필요가 있다고, 그렇게 [쓰시마가] 장군에게 보고하여 [장군의 양해를 얻었다고 하는 것입니다. 그리고] 그대로 [조선에] 전한 것이라고 [조선 측은 이해하고 있습니다. 이래서는 분명히] 위의 뜻에 따르는 교섭이라고 말할 수 있는 일이 아닙니다. 그와 같이 [쓰시마의 기도라는] 추찰을 [저쪽이] 하고 있다고 생각됩니다. 그러한 소문이 이쪽에 들려옵니다. 이처럼 [오해가 있는] 일은 [반드시 장군에게] 보고해야 하는 일이라고 생각합니다. 그리고 또 [별도로 장군에게 보고하셔야 하는 일이 있습니다. 로우 로쿠로우에몬이 말한 것 중에 교우부 님(소우 요시자네)을

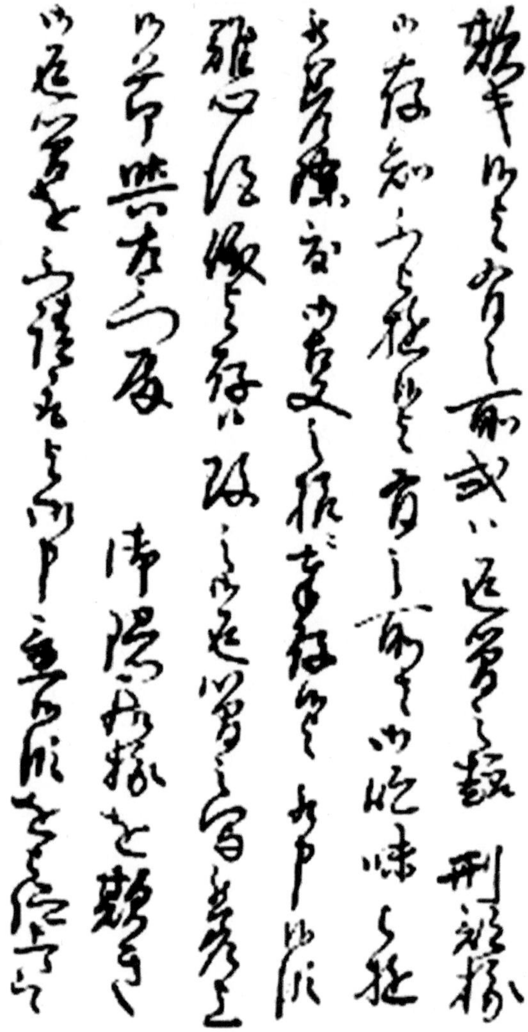

欺キ候与有之所或ハ返簡之趣刑部様御存知不被遊候与有之所者御吟味被遊被差除度御事之様ニ奉存候与被申候段難心得儀与存候改之御返簡之写被差上候節与左衛門殿 御隠居様を欺き御返簡を不請取与御申置候段を被仰上候ハヽ

欺く事になると、そのように有る所や、或いは返翰の趣旨に付いて触れた中で、刑部様は御存知なさっておられないと、そのように有る所は、御検討の上で、差し除きたい所だと思うと、そのように[六郎右衛門は]申しておりました。だが、これは心得違いと言うものでございます。変更になった御返翰の、その写しが[公儀へ]差し上げられた場合、与左衛門殿が御隠居様(宗義真)を欺き、御返翰を受け取らぬと申し入れ置いた事を[そのありのままに、

속이는 일이 되면, 그렇게 되어 있는 곳이나 혹은 반한의 취지에 대해 언급한 것 중에 교우부 님은 알고 계시지 않으면, 그렇게 되어 있는 곳은 검토한 후에 삭제하고 싶은 곳이라고 생각한다고, 그렇게 [로쿠로우에몬은] 말하고 있었습니다. 그러나 이것은 잘못된 생각이라고 말해야 하는 것입니다. 변경된 반한의 그 사본이 [장군에게] 바쳐졌을 경우, 요자에몬 님이 은거하신 분(소우 요시자네)을 속이고 반한을 받지 않겠다고 말해두었던 일을 [있는 그대로

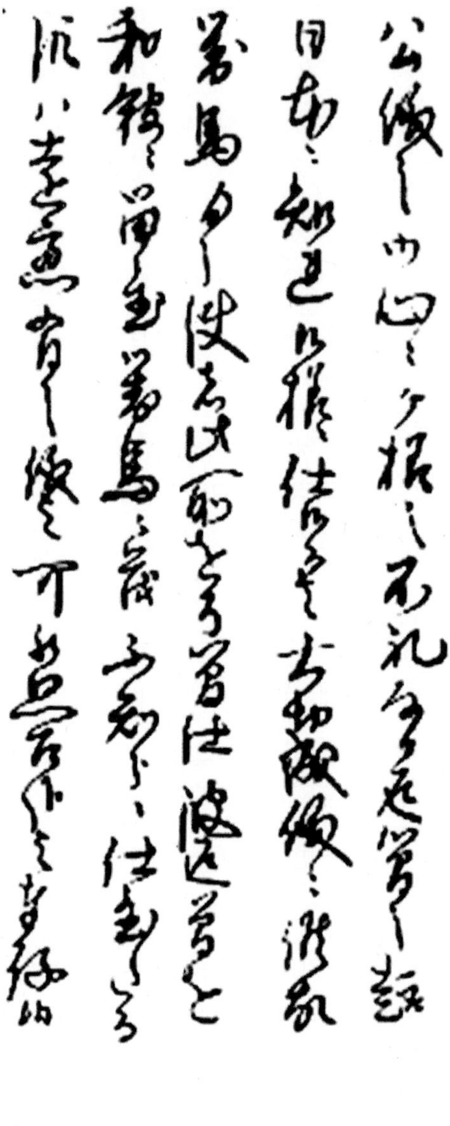

公儀之御心ニケ様之不礼なる返簡之趣日本ニ知れ候様ニ仕候而者大切成儀ニ候故対馬より之使者此所を了簡仕彼返簡を和館ニ留置対馬ニ茂不知らニ仕置たる段ハ遠慮有之儀与可被思召哉与奉存候

公儀へ]御報告なされば[よいと思います。] そうなれば公儀の御心には、このような不礼な返翰の趣旨が日本に知れる様になっては大変な事になると、対馬からの使者は、この所を了解し、彼の返簡を和館に留め置き、対馬にも知らせず[自らの役回りの上で]処置を行ったのであろうと[そのような理解を示される事と思います。] そのような事は[使者としての]深謀遠慮で有ると、そのようにお考えになる事と思います。

장군에게] 보고하시면 [된다고 생각합니다.] 그렇게 되면 장군의 마음에는, 이처럼 무례한 반한의 취지가 일본에 알려지게 되면 큰일이라고, 쓰시마의 사자는 이 점을 이해하고, 그 반한을 화관에 놓아두고, 쓰시마에도 알리지 않고 [자신의 직무로] 처리했을 것이라고 [그렇게 이해하실 것이라고 생각합니다.] 그러한 일은 [사자로서의] 심모원려라고 그렇게 생각하실 일이라고 생각합니다.

一 右今度疑敷候ニ付、御返答ニ宜候様、書簡并一ゝ
御添一而ニ御座候様ニ可申候、此段を得と
御添一々、御合点ニ付而ハ、此事ニ御用之儀
申可有之候、其段 又今度之御書簡も得と
書翰ニ御認、其段ニ候、雖然、御認之人之ニ相違ニ
相考ニ而ハ、御座候ハヽ、御座候、相成ニ而、殊ニ御添
御筆ニ而ハ、御座候而、夜中迄ハ、今少

一 公命を疑候而御返簡不宜候段御用第一之御論し所ニ而御座候様ニ奉存候此段を得与御論し被遊合点不仕内ハ決而御用之埒明申間敷哉与奉存候　公命ニ而無之儀を御書簡ニ御認被遊候儀難成御証人先ハ輪番之和尚ニ而御座候御書簡之封印迄被成被差渡御事ニ候へハ訳官共之儀者不及申東莱釜山

一 瀧の意見(二)

公命である事を疑ったため[あちらからの]御返翰は[その内容が]宜しくありません。[それを改める事が]御用第一の所でございます。[すなわち、あちらを]御論しなさらなければならない所でございます。この事を、しっかりと御論しなさり[こちらが]承知できない内は、決して御用が完了したというような話をなさってはなりません。[もとより]公命では無いというような事を、御書簡に御したためなさるような事は、罷り成りません。[また出来もしません。] その証人となる先は[以酊庵の]輪番の和尚[の存在]です。この和尚によって御書簡は封印され、そのまま[朝鮮へ]差し渡される[という書簡の流れであります。] それゆえ訳官共は申すに及ばず、東莱府使、釜山僉使、

1. 로우의 의견(2)

공명이라는 것을 의심하기 때문에 [저쪽의] 반한은 [그 내용이] 좋지 않습니다. [그것을 고치는 일이] 용건의 제일 중요한 것입니다. [즉, 저쪽을] 설득하지 않으면 안 되는 일입니다. 이 일을 충분히 설득하셔서 [이쪽이] 이해할 수 없을 경우에는, 결코 용건이 완료되었다고 하는 것과 같은 이야기를 하셔서는 안 됩니다. [원래] 공명이 아니라고 하는 것을, 서간에 기록하시는 것과 같은 일은 안 되는 일입니다. [또 할 수도 없습니다.] 그 증인이 되는 것은 [이안테이] 윤번의 화상[이라는 존재]입니다. 이 화상에 의해 [서간은 봉인되어 그대로 [조선으로] 건네진다[고 하는 서간의 흐름입니다.] 그렇기 때문에 역관들은 말할 것 없이 동래부사, 부산첨사

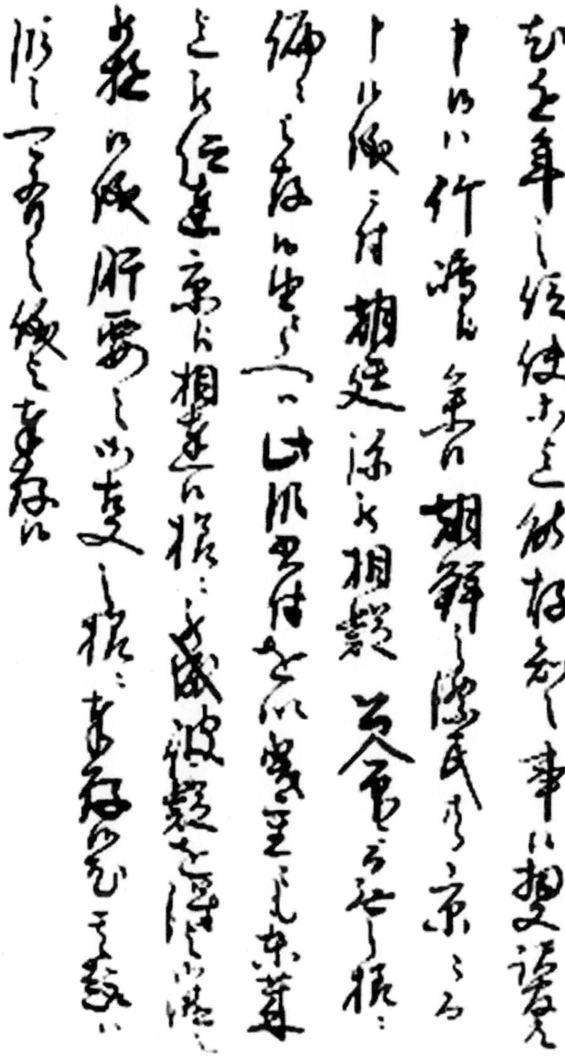

尤近年之信使等迄能存知之事候扨又訳官共申候ハ竹嶋江参候朝鮮之漂民共京ニ而申候儀ニ付朝廷弥被相疑　公命ニ而無之様ニ偏ニ被存候由ニ候へハ此段書付を以幾重ニも東莱迄被仰達京江相達候様ニ被成彼疑を得与御晴シ被遊候儀肝要之御事之様ニ奉存候尤其趣ハ段々可有之儀与奉存候

尤も近年の朝鮮通信使など迄も[この事は]よく承知しております。さて又、訳官共が申すには、竹嶋へ渡った朝鮮の漂民どもが、京にて申した事によって、朝廷はいよいよ[対馬に対し]疑いを持っておられるとの事でございました。つまり公命では無いと、その様に偏えに思っておられるとの事でございました。この事は書付を以て、幾重にも東莱まで申し入れを行い、京へも達した事ではございましたが[なお疑いは晴れていないようでございます。]あちらの疑いを、しっかりと晴らす事が[この際]肝要であると思います。尤も、その[晴らす]遣り方については、色々と有ると思います。

그리고 근년의 조선통신사 등도 [이 일은] 잘 알고 있습니다. 그런데 또 역관들이 말하기를 죽도에 건너간 조선의 표민들이 도성에서 보고한 것에 의해 조정은 결국 [쓰시마에 대해] 의심을 가지게 되었다는 것입니다. 즉 공명이 아니라고 한결같이 생각하고 계신다고 하는 일입니다. 이 일은 서부로 몇 번이고 동래에 이야기하여 도성에도 알린 일이기는 합니다만 [아직도 의심은 풀리지 않고 있는 것 같습니다.] 저쪽의 의심을 완전히 풀리게 하는 일이 [이번에] 긴요하다고 생각합니다. 그렇지만 그 [풀리게 하는] 방법에 대해서는 여러 가지가 있다고 생각합니다.

以所存[illegible]朝鮮[illegible]被知[illegible]公命[illegible]

[illegible]公命[illegible]

[illegible]彼方[illegible]前[illegible]

公儀[illegible]人[illegible]

[illegible]

朝鮮人[illegible]

以酊庵之儀朝鮮江能知れ居可申候間　公命ニ而無之儀を　公命与御書載被成たるとハ被存間敷候彼方之推察ハ前之条ニ申上候通　公儀之御本意唯両人之漁民を御送返し被成候迄之御事ニ而可有御座候彼嶋ニ重而朝鮮人不罷越様ニ与之儀者御国より被仰上

私の意見

以酊庵[が対馬の外交交渉を検閲する]事は、朝鮮においても、よく知られた事実でござ゙います。それゆえ、公命で無い事を公命であると、そのように御書き載せに成ったとは思っておられないでしょう。あちらの推察は、前の条で申し上げた通り、公儀の御本意は、ただ両人の漁民を送り返すだけ[の業務]を[対馬に御命じに]成られたまでの事と、そのように思っています。かの島に再び朝鮮人が渡って来ないようにとの事は[公儀からではなく]御国(対馬)が申し入れた事[だと理解しています。]

나의 의견

이안테이[가 쓰시마의 외교교섭을 검열한다는] 것은 조선에도 잘 알려진 사실입니다. 그래서 공명이 아닌 것을 공명이라고 그렇게 기록하게 되었다고는 생각하고 계시지 않겠지요. 저쪽의 추찰은 전조에서 말씀드린 대로, 장군의 본의는 그저 두 어민을 돌려보내는 [업무]만을 [쓰시마에 명하신] 것이라고, 그렇게 생각하고 있습니다. 그 섬에 다시 조선인이 건너오지 않도록 하라는 일은 [장군이 아니라] 나라(쓰시마)]가 요구한 일[이라고 이해하고 있습니다.]

一ち遊ニ而候事ニて上意を以家督ヲ相
守候ニ付て下され候て相続ニ付主樽ゟ爲居
改し御定置ニ候處ニ被仰付候而ニ池田
條氏と申候遣ニ候、申来候を其儘ニ而池
田ニ相成候被仰付ニ而、同様被仰付候

其通ニ被仰遣候へと上意を御蒙り被遊たるにて可有之与推察被仕候様子ニ御座候改之御返簡ニ江戸ニ転到すると被記候ハ漁民之心得違ニ而申たる事を其侭ニ被記たると相見へ候転到之所因幡州府ニ而

そのように[公儀へ]申し上げ[公儀から了解を得たのだと理解しています。]その通りに[朝鮮へ]申し伝えるよう[意図的に]上意を蒙ったのだという推察でございます。[あちらからの]改変された御返翰には[漁民どもが]江戸に転送され、そこに到達したと記されています。しかしこれは漁民どもの心得違いで、そのように申した事を、その侭に記したものと思われます。転送され到達した所は、因幡の州府で

그렇게 [장군에게] 말씀드려 [장군의 양해를 받은 것이라고 이해하고 있습니다.] 그렇게 [조선에] 이야기하기 위해 [의도적으로] 상부의 의견으로 가장한 것이라고 하는 추찰입니다. [저쪽에서] 개변된 반한에는 [어민들이] 에도로 전송되어, 그곳에 도달했다고 기록되어 있습니다. 그러나 이것은 어민들이 잘못 안 것으로, 그렇게 말한 것을 그대로 기록한 것이라고 생각됩니다. 전송되어 도달한 곳은 이나바의 주부

御座候ニ付而御座候て　漂民と申字を相備
部府ニ而も罷成候ニ付而も　公儀之思召無之
漂民を罪人ニ付只今ニ而御存知候答ニ候處も
被仰付置候ニ付御座候を　存候初而様子承
罷在申候も御座候者ニ而御座候ニ付存候ハ無之人ニ
漂民之食料自害ニ而も可仕候得共ニ
御馳走之儀被成候様ニ有之候ニ付只ミ無人ニ而も
罷成候を御吟味被成嫌疑を捕へたる
者共を斬罪ニ被仰付候上ニ而御人数之趣ニ

御座候与被仰届候ハヽ江戸之字を因幡州府与可被改候然とも　公儀之御心ニ両人之漁民を罪人与被思召候ハヽ伯耆守殿より御馳走被仰付筈ニ而無御座与被存初より之推察を改被申儀者御座有間敷哉与存候両人之漁民共食傷自害なと不仕ためニ御馳走被成たる様ニ者不申只両人之者罪なきと御吟味極り我等を捕へたる者共を斬罪ニ被仰付候上ニ而御念比ニ

ございます。[それゆえ、この御返翰を公儀へ]お届けなさるならば、江戸の字を因幡州府と改めて貰わなければなりません。しかしながら公儀の心に二人の漁民が罪人であると[そのような]お考えが有るのであれば、伯耆守殿から御馳走を仰せ付けられる筈は無いと、そのように[あちらは]考えている事と思います。それゆえ初めからの推察[すなわち江戸の公儀は二人を罪人とは思っていないという事を、ここで]改めるような事は無いと思います。二人の漁民は食あたりしないよう、自害などしないよう、御馳走に成ったのでありますが、その様には申さない筈です。ただ両人の者には罪は無いと[そのように]御吟味が決まり、我らを捕えた者共が[逆に罰せられ]斬罪を仰せ付けられた。[我らは、これ以後]御ねんごろに

입니다. [그렇기 때문에, 이 반한을 장군에게] 바치게 되면, 에도라는 자를 이나바 주부라고 고치게 하지 않으면 안 됩니다. 그러나 장군이 마음속으로 두 어민을 죄인이라고 [그렇게] 생각하고 계신다면, 호우키노카미 님이 물품의 하사를 명하실 리 없다고, 그렇게 [저쪽은] 생각하고 있을 것입니다. 그래서 처음부터의 추찰 [즉 에도의 장군은 두 사람을 죄인으로 생각하지 않았다고 하는 것을, 여기서] 고치는 일은 없을 것으로 생각합니다. 두 어민이 식중독 되지 않도록, 자해 등을 하지 않도록 대접한 것입니다만, 그렇게는 말하지 않을 것입니다. 다만 두 사람에게는 죄가 없다고 [그렇게] 조사 결과가 결정되어, 우리들을 붙잡았던 자들이 [오히려 처벌받아] 참죄를 명받았다. [우리들은 그 이후로] 정중하게

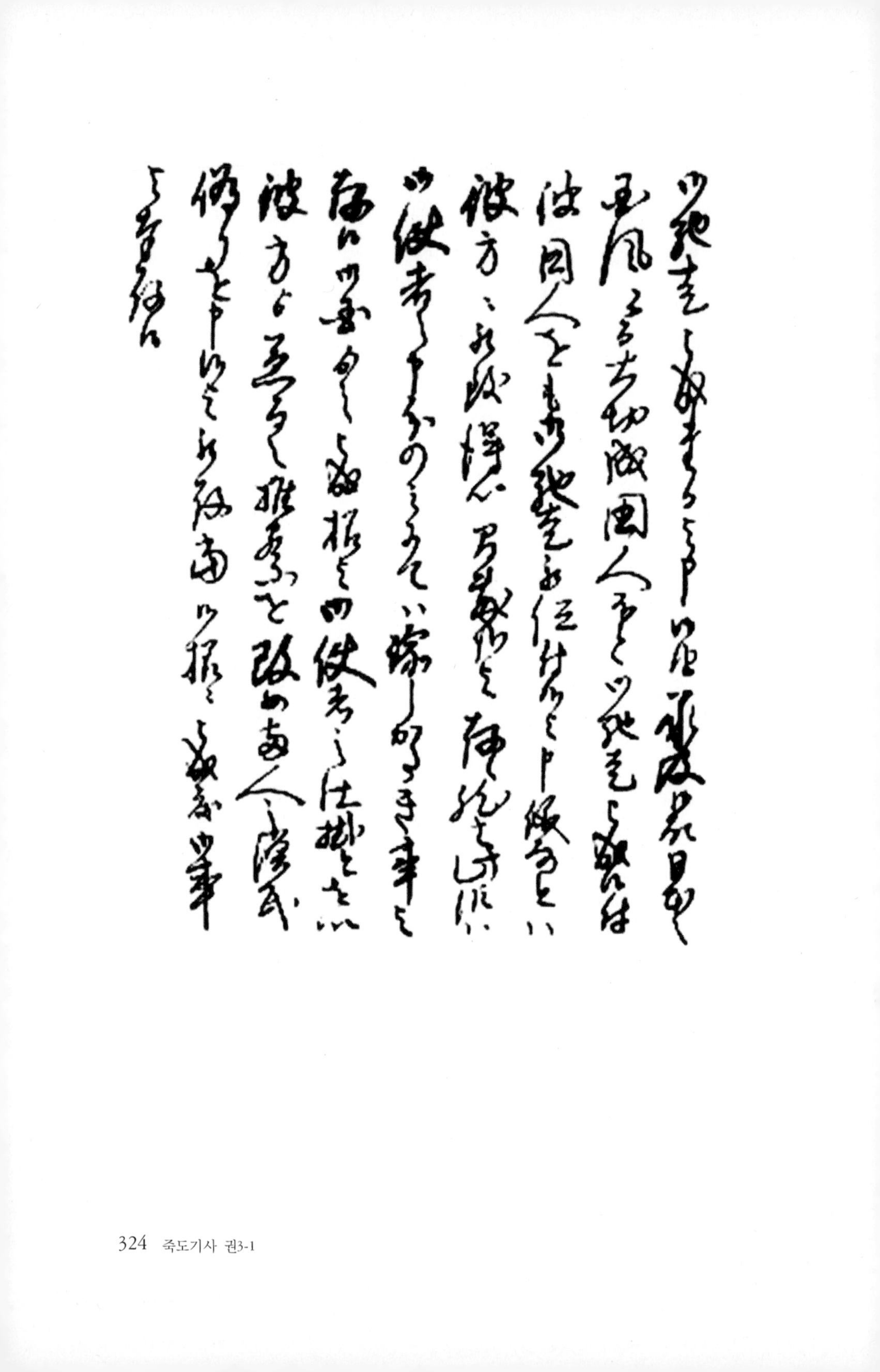

[illegible]

御馳走被成たる与申候由承及候故日本之国風ニ而大切成囚人なと御馳走被成候付彼囚人をも御馳走被仰付候与申儀なとハ彼方ニ被致得心間敷哉与存候然者此段ハ御使者之申分のミにてハ諭しかたき事与存候御国より之被成様与御使者之仕掛とを以彼方より兼而之推察を改め両人之漁民偽りを申候与被存当候様ニ被成度御事与奉存候

御馳走に成ったと[あちらの朝廷に]申した事を[あちらの朝廷は信じていると、そのように]聞き及んでいます。それゆえ、日本の国風では大切な囚人などには御馳走をする事もあり、彼の囚人についても御馳走するよう御命令があったなどと言う事は、あちらにとって[とうてい]納得するような返答ではありません。そうであるならば、この事は、御使者の説明ばかりでは、とても諭し難い事であるようにも思われます。御国からの[しっかりとした御方針による正しい説明の]遣り方と、御使者の[巧みな]仕掛けとを以て[この誤解を解く試みがなされなければなりません。] あちらの以前からの推察を、ここで改め正し、二人の漁民が虚偽を申していると[あちらが]思い当たるよう[是非そのように証拠の提示が]成され度いものでございます。

대접받게 되었다고 [저쪽 조정에] 보고한 것을 [저쪽 조정은 믿고 있다고 그렇게] 듣고 있습니다. 그래서 일본의 국풍으로는 중요한 죄인 등에게는 대접하는 일도 있어, 그 수인에 대해서도 대접하도록 하라는 명령이 있었다는 등으로 말하는 것은 저쪽에서는 [도저히] 납득할 수 있는 답이 아닙니다. 그렇다면 이 일은, 사자의 설명만으로는 아무래도 설득하기 어려운 일이라고 생각됩니다. 나라(쓰시마)의 [분명한 방침에 따라 바르게 설명하는] 방법과 사자가 [능숙한] 수완으로 [이 오해를 푸는 노력을 하지 않으면 안 됩니다.] 저쪽이 이전부터 하는 추찰을, 여기서 바로 고쳐, 두 어민이 허위를 말하고 있다고 [저쪽이] 납득할 수 있도록 [꼭 그렇게 증거를 제시하는 일이] 이루어지면 좋겠다고 생각합니다.

一 今般御出宮 公命之趣有之候處出来之義
之程之成出来之様申付候

一 今度之御書簡ニ 公命之疑有之候儀を御書載被遊被遣度御事之様ニ奉存候

一 瀧の意見(三)

今度の[朝鮮へ向けた]御書簡には[あちらが]公儀の御命令を疑う様子が有るとの事を[咎める形で]御書き載せになり[あちらに]申し伝えるべきでございます。

1. 로우의 의견(3)

이번에 [조선에 보내는] 서간에는 [저쪽이] 장군의 명령을 의심하는 상황이 있다고 하는 것을 [질책하는 형식으로] 기록하여 [저쪽에] 전달해야 합니다.

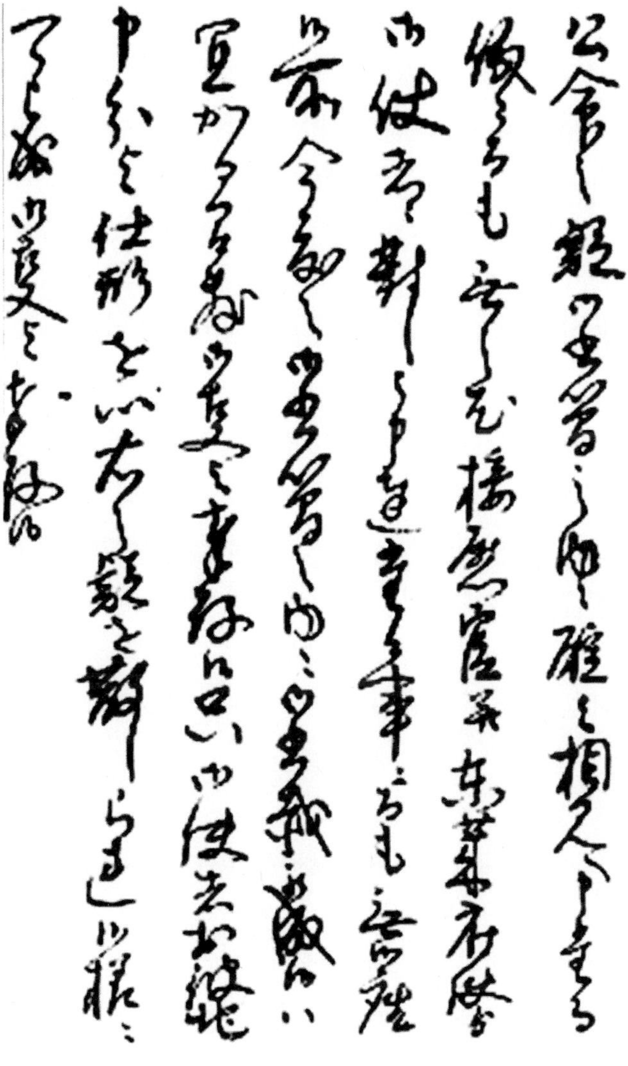

公命之疑御書簡之内ニ聢与相見へ申たる儀ニ而も無之尤接慰官并東莱府使より御使者ニ対し被申達たる事ニ而も無御座候所今度之御書簡之内ニ御書載被成候ハ宜かる間敷御事与奉存候只御使者於彼地申分与仕形を以右之疑を散しられ候様ニ可被成御事与奉存候

私の意見

あちらが公儀の御命令を疑う様子が有るとの事は、その御書簡の内に、確かな記載はございません。尤も接慰官ならびに東莱府使から御使者に対し[そのような]申し入れがあったとも聞いてはおりません。それゆえ今度の御書簡の内に[そのような文言を]御書き載せに成るのは、宜しく無い事と思います。ただ御使者が彼の地に於いて[その事に触れ、咎める形で]申し入れを行う分と[その事について、これまでのあちらの考えを否定する]仕形を以て、右の疑いを散じようとする事は[当然ながら]行って少しも構わない事であると思います。

나의 의견

저쪽이 장군의 명령을 의심하는 상황이 있다고 하는 일은, 그 서간 안에, 분명한 기재는 없습니다. 또 접위관 및 동래부사가 사자에게 [그러한] 요구를 했다고도 듣지 않았습니다. 그렇기 때문에 이번의 서간 안에 [그러한 문언을] 기재하시는 것은 좋지 않은 일이라고 생각합니다. 다만 사자가 그 땅에서 [그 일을 언급하여, 질책하는 형식으로] 요구해야 할 것과 [그 일에 대해, 지금까지의 저쪽 생각을 부정하는] 방법으로, 위의 의심을 풀도록 하는 일은 [당연한 일로] 행해도 조금도 문제가 없는 일이라고 생각합니다.

一　日本漂民送回之節ニ者謝書契属候ニ
相添り候得共、右文之者一二而も候ハヽ此意を解候ニ
不行掛候ゆゑ、彼方之度ニ者嚴事之様ニ
奉存候

一 日本標民送回三本之書彼嶋日本之属嶋ニ相極り候御証文之第一ニ而御座候此書を以第一ニ被仰掛候而者彼方不可及異儀事之様ニ奉存候

一 瀧の意見(四)

日本の漂民を[あちらがこちらに]送り返した折[そこに付けられていた]三本の書契は、彼の島が日本の属島に決定した事を示す御証文の、第一のものでございます。この書を以て第一番目に[あちらへ]仰せ掛けを行ったならば、あちらは異議を申し述べる事もできないほどの事だと思います。

1. 로우의 의견(4)

일본의 표민을 [저쪽이 이쪽에] 돌려보냈을 때 [그때 보내온] 세 통의 서계는, 그 섬이 일본의 속도로 결정한 것을 나타내는 증문으로 제일 중요한 것입니다. 이 서계를 가지고 제일 첫 번째로 [저쪽에] 담판을 시작했다면 저쪽은 이의를 말할 수도 없을 정도의 일이었다고 생각합니다.

澤氏も従来ハ唯彼國之漢字ヲ熟識しれ
日本人ハ彼國是ゟ之を遠邊しめ其上越し
甚而こゟ如度ゟ以是而く廣濟之極ゟハ
如說文之中書こゟと云如雖ハ八十二年
前二色こゟ延留と彼國朝鮮之廣濟

漂民書契三本ハ唯彼嶋ニ漁ニ罷越し候日本人致漂着たるを送返し候与申趣之書面ニ而御座候故日本之属嶋ニ極り候御証文与申書ニ而者無御座候八十二年前二通之返簡者彼嶋朝鮮之属嶋

私の意見

漂民の書契三本は、彼の島に漁に罷り越した日本人が[朝鮮に]漂着したのを、ただ送り返したというだけの趣旨の書面であります。それゆえ日本の属島に決定したと言うような御証文ではありません。八十二年前の[朴慶業による]二通の返簡は、彼の島が朝鮮の属島

나의 의견

표민에 관련된 서계 세 통은 그 섬에 어렵하러 건너간 일본인이 [조선에] 표착한 것을 그저 돌려보냈다고 하는 취지의 서면입니다. 그래서 일본의 속도로 결정했다고 말할 수 있는 증문은 아닙니다. 82년 전에 [박경업이 작성한] 2통의 반간은, 그 섬이 조선의 속도

右之趣を以老中ニ申達し候、然ル處證文之
二ツ并書付を以申達候、然所漂民之儀ハ無之
事ニ候、御役掛り之者漂方并及見候ニ
年々漂来難船之儀取扱候事ニ候、年
公儀之御文ニ而朝鮮漂民并
御嶋之事ニ而漂民之事付候ニ付、御役
無之御役人中漂民之事ニ而御役掛り之者ニ而ハ御座候

なる由を此方ニ申達し被置たる証文与可申書ニ而御座候然所漂民三本之書を以第一ニ被仰掛候而者彼方不可及異儀与被申候段甚難心得儀与存候去々年　公命を御受被成候而朝鮮之漁民重而竹島江不罷越様ニ御申付候へと被仰渡本国竹嶋与申儀を被仰掛置候上ハ只何とそ

である由を、こちらに申し遣わした証文と言う事はできます。しかし漂民三本の書は[そうではありません。] これを以て第一番目に[あちらへ]仰せ掛けを行ったならば、あちらは異儀を申し述べる事もできない程であるなどと言うことは、甚だ心得難い事でございます。去々年[対馬藩が]公命を御受けに成られ、朝鮮の漁民が再び竹嶋へ罷り越さぬよう[あちらへ]申し伝えるよう、御命令を受けました。[その折]日本の竹嶋であると言う事を[公儀が対馬に]お話し下さった上は、只そのまま、何としても

라는 연유를, 이쪽에 말하여 보낸 증문이라고 말할 수 있습니다. 그러나 표민 관계의 세 통의 문서는 [그렇지 않습니다.] 이것을 가지고 제일 먼저 [저쪽에] 담판을 행했다면, 저쪽은 이의를 말하는 것도 할 수 없을 정도라는 식으로 이야기하는 것은 참으로 납득하기 어려운 일입니다. 재작년에 [쓰시마번이] 공명을 받으시고, 조선의 어민이 다시는 죽도에 건너오지 못하도록 [저쪽에] 전달하라는 명령을 받으셨습니다. [그때] 일본의 죽도라고 하는 말을 [장군이 쓰시마에] 말씀하신 이상은 그저 그대로, 어떻게 해서라도

有之由承候ニ付、御吟味之上証文立候て
異文を以竹島之古来所附
朝鮮ニ属し候而竹島方之書籍ニ欝陵
島ハ竹島之事ニ無紛證文も
竹島之朝鮮ニ属し候而辨論ニ及
相知申候文証も御座候、雖八十年以来
日本之漁民竹島ニ往来仕候を朝鮮ニ

右之御詞御誤りニ不成様ニ被仰立迄之御事与奉存候彼島ニ古民戸有之時朝鮮ニ属し候段彼方之書籍ニ相見へ殊朝鮮よりハ程近く日本より者程遠く候故彼嶋之朝鮮ニ属し候段ハ弁論ニ不及相知申たる事ニ御座候唯八十年以来日本之漁民彼島ニ致往来候儀を朝鮮ニ

右の御詞の通りを、誤り無く[あちらに]申し伝える迄の事でございます。彼の島に古民戸が有る時分は、朝鮮に属しておりました。そのような事は、あちらの書籍に記されております。殊に朝鮮からは程近く、日本からは程遠いと言う島でございます。それゆえ、彼の島が朝鮮に属すると言う事は、弁論にも及ばない程の、知れ渡った事実でございます。ただ、ここ八十年来、日本の漁民が彼の島に往来を重ね、それを朝鮮も

위의 말대로 틀림 없이 [저쪽에] 전달하기만 하는 일입니다. 그 섬에 오래된 민가가 있을 때는 조선에 속하여 있었습니다. 그러한 일은 저쪽의 서적에 기록되어 있습니다. 특히 조선에서는 가깝고 일본에서는 멀다고 하는 섬입니다. 그래서 그 섬이 조선에 속한다고 말하는 것은 말할 필요도 없을 정도로 알려진 사실입니다. 다만 80년 이래로 일본 어민이 그 섬에 거듭 왕래하고, 그것을 조선도

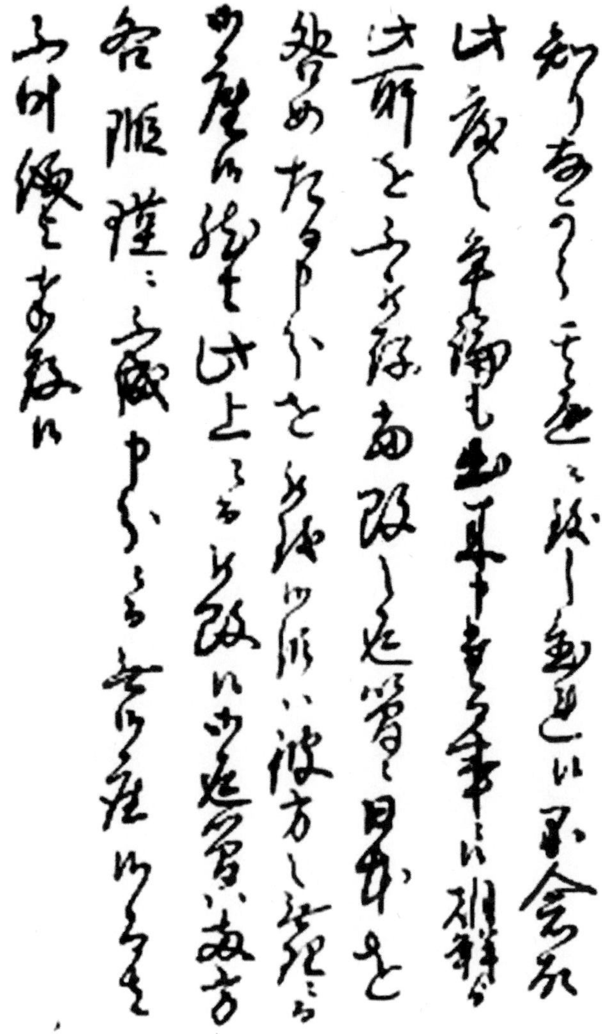

知りなから其通ニ致し置れ候不念故此度之争論も出来申たる事ニ候朝鮮より此所を不被存当改之返簡ニ日本を咎めたる申分を被致候段ハ彼方之無理ニ而御座候然者此上ニ而被改候御返簡ハ両方各暇瑾ニ不成申分ニ而無御座候而者不叶儀与奉存候

知りながら、その通りのままに放置しておりました。[その結果]思わぬ所で、この度の争論が持ち上がったと言う事でございます。朝鮮からすれば、このような[日本の漁民が往来する事情にある]所を[充分には]御存知でなく、まさしく[今回の]改変した返翰には[そのような事情を斟酌する事無く、ただ]日本を咎めた形の[あちらの]申し分だけを書き載せて来ました。だがそのような事は、あちらの無理と申すものでございます。[やはり往来の事実、その事情の斟酌が必要でございます。] そうであれば[また書き改めが必要となって参ります。] この上[さらに]改められた御返翰に[修正と言う事に]なれば、両方の各々に御暇瑾に成らぬような形で、その申し分が[書き載せて]無くては叶わぬ事でございます。

알면서 그대로 방치하고 있었습니다. [그 결과] 생각지 못한 곳에서 이번의 논쟁이 시작되었다고 하는 것입니다. 조선 입장에서 보면, 이처럼 [일본어민이 왕래하는 사정이 있는] 것을 [충분히는] 알지 못하다, 그야말로 [이번에] 개변한 반한에는 [그러한 사정을 참작하는 일 없이 그저] 일본을 꾸짖는 형태로 [저쪽의] 정당성만을 기재하여 왔습니다. 그러나 그러한 일은 저쪽의 무리라고 말할 수 있는 일입니다. [역시 왕래한 사실 그 사정을 참작할 필요가 있었습니다.] 그렇게 되면 [또 개서할 필요가 생기게 됩니다.] 그렇게 한 후에 [다시] 고쳐진 반한에 [수정이라는 것을] 하게 되면, 양방 모두에게 상처가 되지 않는 형태로, 그 말하고 싶은 것을 [기재하지] 않으면 안 되는 일입니다.

一 今般御出候者共乱礼之者有之候ハヽ以上数方優屢
得と申し不埒を致し候ハヽ何様ニも可被仰付候
儀をも相違無之様ニ可被成候事
之候 送初御出之役人方ニも被仰付候事
奉存候以

一　今度之御使者茶礼之節御口上弊境蔚陵嶋与有之所斗を嶋之不粉様ニ御直し其余之儀者少も相違無之様ニ可被成候与被仰掛先使ニ違初度之御返簡取掛度御事奉存候

一　瀧の意見(五)

今度の使者が茶礼の節、御口上で申し上げた事は[御返翰の文言に]弊境の蔚陵嶋と有るが[島の名が紛らわしい。]　この所だけを島の名が粉らわしく無い様に御直ししていただきたい。その他の部分は少しも[支障は無いので、そのまま]相違無い様にしていただきたいと、そのような仰せ掛けでございました。先使[の果たす御役目と]違い[今度の使者の御役目は]初度の御返翰を[そのような文言にのみ]取り替える事でございます。[そのような事が成就するよう、あちらへ、なお]仰せ掛けを行いたいものでございます。

1. 로우의 의견(5)

이번의 사자가 차례를 지낼 때, 구상으로 말한 것은 [반한의 문언에] 폐경의 울릉도라고 나와 있으나 [도명이 혼란스럽다.] 이곳만을 도명이 혼란스럽지 않도록 고쳐주었으면 좋겠다. 그 외의 부분은 조금도 [지장이 없는 것이므로 그대로] 틀리지 않게 해주었으면 좋겠다고, 그러한 주문이었습니다. 지난 사자[가 수행하는 역할과] 달리 [이번 사자의 역할은] 처음 반한의 [그러한 문언만을] 바꾸는 일입니다. [그러한 일이 성취되도록 저쪽에 다시] 주문하고 싶다는 것입니다.

御覧之通貴界竹嶋と計有之候
此一件を高く不申候ニ相済候得者
日本ニ竹嶋と申嶋有之候ニ付候而
心入ニ相見へ候、弊境蔚陵嶋と申一句を
書加へ候ハ、後日ハ彼嶋を朝鮮之嶋と被致
事ニ而可有之所存之底意を被示と見へ申候
相見へ申候、就而以書簡改被成候様ニ
弊境蔚陵嶋之一句を除被下候様ニと存
候ハヽ後日ニ彼嶋を朝鮮之蔚陵嶋ニ而

初度之御返簡ニ貴界竹嶋与被記候者此一件を当分無事ニ相済度被存候而日本ニ竹嶋与申嶋有之分ニ被仕たる心入与相見江弊境蔚陵嶋与申一句を被加候ハ後日彼嶋を朝鮮之嶋与極め不申候而不叶時の為を被致遠慮たると相見へ申候然所御国より再度之御書簡ニ弊境蔚陵嶋之一句を除給り候へと被仰述候ハ後日ニ彼嶋を朝鮮之蔚陵嶋ニ而

私の意見
貴界の竹嶋と記された事は、この一件を取り敢えず平穏無事に済ませたいと[あちらが]考え、日本において竹嶋と呼称する島が有るという事を承知しての御処理であったと思います。但し、弊境の蔚陵嶋と言う一句を付け加え、後日、彼の島が朝鮮の島であると決めなくては叶わぬ時のために、ここに遠慮しつつ入れ置いたのだと思われます。そのような所に、御国からの再度の書簡に、この弊境の蔚陵嶋の一句をお除き下さいと仰せ掛けがございました。それは後日、彼の島が朝鮮の蔚陵嶋であると

나의 의견
귀계의 죽도라고 기록된 것은, 이 일건을 일단 평온 무사하게 끝내고 싶다고 [저쪽이] 생각하고, 일본에서 죽도라고 호칭하는 섬이 있다는 것을 알고 한 처리였다고 생각합니다. 다만 폐경의 울릉도라고 말한 1구를 부가하여, 후일에 그 섬이 조선의 섬이라고 정하지 않으면 안 될 때를 위해, 여기에 원려하여 넣은 것이라고 생각됩니다. 그런데 나라(쓰시마)에서 다시 서간으로, 이 폐경의 울릉도라는 1구를 삭제해 달라는 요구를 하였습니다. 그것은 후일에 그것이 조선의 울릉도라고

候ゝ云之儀ニ而可然振之真言忠人之
相之、其中ニ彼方ゟ和解ニ二楷二為し返
答をも申出候ハヽ一楷二為し説を除く除し
至候ニ付候儀ニ候て此方ゟ一楷二為し
説を以伝掛二楷二為し返答を遂し候
上ニ而ハ今ハ和し候仗者也為し辨を被遊
申掛候とも二楷二為し説ニ立帰り申
申候之候筋写書を書候ハ御手令為し
候仗者ニ候折御ニ候由申其儀ハ難和為し

候与云申儀不罷成様ニ与被思召御心入与相見へ申候彼方より初度ニ二嶋二名之返簡を被出候ハ一嶋二名之説を深く隠し置候而之儀ニ御座候此方より一嶋二名之説を被仰掛二嶋二名之返簡を御返し候上ニ而ハ今度之御使者如何様之弁才を以御申掛候とも二嶋二名之説ニ立帰り被申儀者御座(行間に「原のママ有ノ字欠カ」とあり)間敷与奉存候然者今度之御使者御持渡り候御書簡之趣ハ唯初度之

そのように[あちらが]言い出す事を封じるもので、その様な[日本の]お考えである事を[あちらは]気付いていたのでございます。あちらからは初度の御返翰に[島の事情を]二嶋二名として記出しておりました。一嶋二名の説を深く隠し置いての事でございます。[その後]こちらから一嶋二名の説を申し入れ、二嶋二名の返翰を御返し致しました。こうなって見れば、今度の御使者がどれほどの弁才があり、どれほどの[巧みな]御申し掛けを行おうと、二嶋二名の説に立ち帰って交渉する事など、もうできません。そうであるならば、今度の御使者が御持ち渡りなさる御書簡の趣旨は、初度の

그렇게 [저쪽이] 말하는 것을 막는 것으로, 그와 같은 [일본의] 생각이라는 것을 [저쪽은] 알아차린 것입니다. 저쪽은 처음의 반한에 [섬의 사정을] 2도 2명으로 기록하고 있었습니다. 1도 2명 설을 깊이 감추어 두었던 것입니다. [그 후에] 이쪽에서 1조 2명 설을 이야기하며 2도 2명의 반한을 반각하였습니다. 이렇게 되고 보니, 이번의 사자가 어느 정도 말재주가 있고, 어느 정도 [교묘한] 요구를 한다 해도 2도 2명 설로 돌아가 교섭하는 일 등은 이미 할 수 없습니다. 그렇다면 이번의 사자가 가지고 건너가는 서간의 취지는, 처음의

御座候得共相尋候ニ付申候由申候ニ付上ニて
候義を申候様ニ申候ハヽ左様ニ申遣候義
御使者ハ被申候ニ而候由申遣候御座候
申候様ニ候之段ニ申遣候旨申候一島
二ヶ所之説を申候由只日本之事ニ対し無礼成
申分有之所を存候様ニ而返答ニ而所を
御書付ニ而御申候様ニ被申候様ニ可有御座候
書付

御返簡粉敷相見へ候間御吟味之上ニ而粉敷無之様ニ御改被下候へと御書述被成御使者ハ彼方ニ而改之御返簡初而見申たる体ニ而改之御返簡ニ有之一島二名之説を御用候而只日本ニ対し無礼成申分有之所を被除日本之理有之所を被書加候へ之由御申談之候様ニ可被成御事与奉存候

御返翰で[島の様子が]紛らわしく見えるので、御吟味の上で紛らわしく無い様に御改め下さいと、ただそのように御書き述べに成られるだけでございます。御使者は、あちらに[渡り、館守から東莱に差し戻し、東莱に留め置いてある]改変の御返翰を[今回]初めて見たような体にて接し、改変の御返翰に有る一島二名の説を用い[今後、交渉を始めなければなりません。その上で]ただ日本に対し無礼な言い回しの有る所を除くように、そして日本の理が有る所を書き加えるようにと、そのような交渉をなさるべきであろうと思います。

반한으로 [섬의 상황이] 혼란스럽게 보이기 때문에, 조사한 후에 복잡하지 않도록 고쳐주세요 라고, 그저 그렇게 기록하여 말씀드리는 것뿐입니다. 사자가 저쪽에 [건너가고 관수가 동래로 돌아가, 동래에 놓아두고 있는] 개변된 반한을 [이번에] 처음으로 본 것 같은 태도로 접하여, 개변한 서한에 있는 1도 2명의 설을 이용하여 [금후의 교섭을 시작하지 않으면 안 됩니다. 그런 후에] 그저 일본에 대해 무례한 표현이 있는 곳을 삭제하도록 하고, 그리고 일본의 논리가 있는 것을 써서 부가해달라고, 그러한 교섭을 해야 될 것이라고 생각합니다.

一 此返簡之文案彼方ニ而相極候ハヽ後之
此障ニも可罷成候 可及此違候と
事存候由返も此方ニて文案して参り候ハヽ相違
可申候与存候得ハ是迄請取申間敷
此方之異意を申述不被為ニ而可承知候

一 御返簡之草案彼方ニ被相渡候儀已後之御障ニも可罷成儀多く可有御座哉与奉存候迚も此方より之草案之通りニハ相認可申儀とも不奉存候是を申請度由申候ハ此方之奥意を無残所彼方ニ為可存知之

一 瀧の意見(六)

[こちらが記した]御返翰の草案が(註6)あちらに渡った事は、以後の[交渉において]障りに成るような事でございます。[自由な交渉を妨げる事が]これで数多く有るようになったと[とても残念に]思います。[もはや]こちらが希望するような草案通りには、とても[あちらは]したためてくれないと思います。このように申し受けたいと[あちらに]申し出ても[逆に]こちらの奥意を残す所なくあちらに承知させ、

1. 로우의 의견(6)

[이쪽이 기록한] 반한의 초안이 저쪽에 건너간 일은, 이후의 [교섭에 있어] 장애가 될 수 있는 일입니다. [자유로운 교섭을 방해하는 일이] 이것으로 많이 생기게 된 것이라고 [크게 잘못된 것이라고] 생각합니다. [어차피] 이쪽이 희망하는 것처럼 초안대로는 아무래도 [저쪽이] 기재하여 주지 않을 것이라고 생각합니다. 이렇게 받고 싶다고 [저쪽에] 요구해도 [오히려] 이쪽의 속내를 남김 없이 저쪽에 알려주어

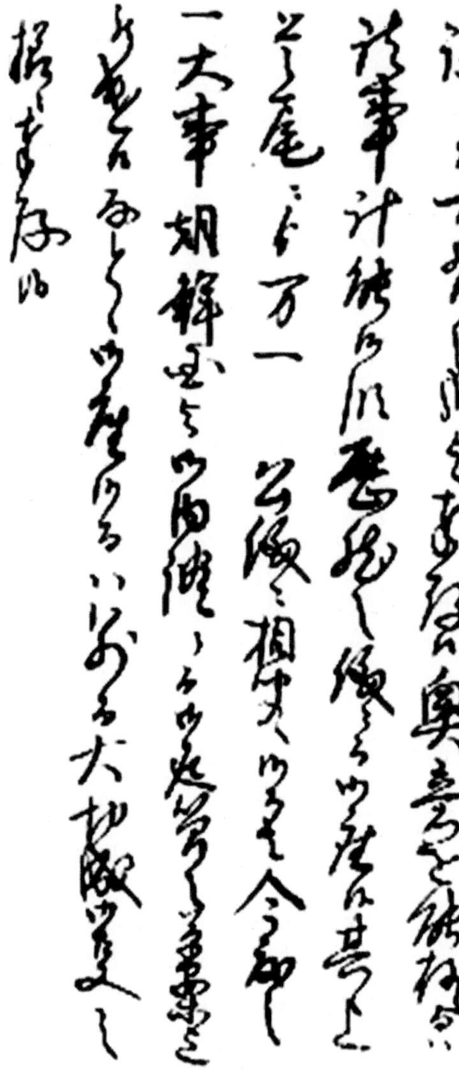

謀ニ而可有之哉与奉存候奥意を能存候而ハ諸事計能候段歴然之儀ニ而御座候其上首尾ニより万一公儀ニ相聞へ候而者今度之一大事朝鮮国より御内談ニ而御返簡之草案を被遣候なとゝ御座候而ハ別而大切成御事之様ニ奉存候

事をうまく運ぼうとする[こちらの]謀り事で有ろうと[あちらは]思ってしまいます。しかし[そうでなくとも、こちらの]奥意を[あちらが]十分に承知していては、諸事[あちらにとって]計り易く[いいように処理されてしまうのは]歴然であります。その上、首尾によっては[むしろ悪しき結果に陥ることさえ有ります。]万一[そのような場合]公儀に聞えては、今度の一大事となります。すなわち朝鮮国から[このような対馬との]御内談によって、御返翰の草案が遣わされたなどとあれば[それが公儀の意図とする所と違えば、他国と結託し公儀を欺いたなどと、対馬が誤解を受けます。その結果、対馬府中藩は取り潰しの危機に遭います。]ここは別けて大切な所でございます。

일을 잘 진행시키려고 하는 [이쪽의] 계획된 일일 것이라고 [저쪽은] 생각하고 맙니다. 그러나 [그렇지 않아도 이쪽의] 속내를 [저쪽이] 충분히 알고 있다면, 모든 일을 [저쪽]이 알아차리기 쉬워 [편할대]로 처리합니다. 게다가 상황에 따라서는 [오히려 나쁜 결과에 빠지고 마는 일조차 있습니다.] 만일 [그 같은 경우의 일을] 장군이 듣게 된다면, 이번에 일대 사건이 됩니다. 즉 조선국에서 [이 같은 쓰시마와의] 내담에 따라, 반한의 초안을 보내게 되었다는 것 등이 되면 [그것이 장군의 의도하는 것과 다르다면, 타국과 결탁하여 장군을 속였다는 것으로 쓰시마가 오해를 받습니다. 그 결과 쓰시마 후츄우한은 폐쇄 당하는 위기를 만나게 됩니다.] 이것은 아주 중요한 일입니다.

御座候得ハ書契之案書ニ而御差図御用宗ゟ
無之候而ハ御自分之意を以御差図被成候書
御座候ハ其書も彼書契を以御差図被成候様
被成候而者相済彼書契を被成候
御障りニ可成候を以て御差図被成候様
候ハ彼方向ニ返翰を請取不申候ハ
返翰御請を以て不申候書契を
差上候ハ己後障りニ成へき事ニ候
今より無之候故以前書契ハ彼方ゟ

御返簡之草案を東莱江被遣候段定而与左衛門殿御思慮を被尽候而之儀ニ可有御座候某も彼草案被遣候段成程宜キ儀与存候故相認申候彼草案已後之御障りニ可罷成儀与被申候段難心得儀与存候彼方より之返簡を請取不申前ニ御返簡者如此御認被下候へと申草案を遣し候こそ已後之障りニ成へき事ニ候今度与左衛門殿より被遣候草案ハ彼方より

私の意見

御返翰の[修正]草案が東莱へ遣わされた事は、おそらく与左衛門殿にとり、御思慮を尽されての事でございましたでしょう。拙者も彼の草案が[あちらに]遣わされる事は成るほど宜しい事であると、そのように思い[文案を]したためました。彼の草案が以後の障りに成ると[六郎右衛門が]申される事は、心得難い事でございます。あちらからの返翰を請け取らぬ前に、御返翰はこのように御したため下さいと、そのように申す草案を遣わした場合こそ、以後の障りに成ると思います。この度、与左衛門殿から遣わされた草案は、あちらから

나의 의견

반한의 [수정] 초안이 동래에 보내진 일은, 아마도 요자에몬님이 충분히 생각하신 후에 하신 일이겠지요. 졸자도 그 초안이 [저쪽에] 보내진 일은 과연 잘된 일이라고 그렇게 생각하고 [문안을] 기록하였습니다. 그 초안이 이후의 장애가 될 것이라고 [로쿠 로우에몬이] 말씀하시는 것은 이해하기 어려운 일입니다. 저쪽이 보낸 반한을 받기 전에 반한은 이렇게 기재하여 주세요 라고, 그렇게 요구하는 초안을 건넸을 때야말로, 이후의 장애가 된다고 생각합니다. 이번에 요자에몬이 보낸 초안은, 저쪽에서

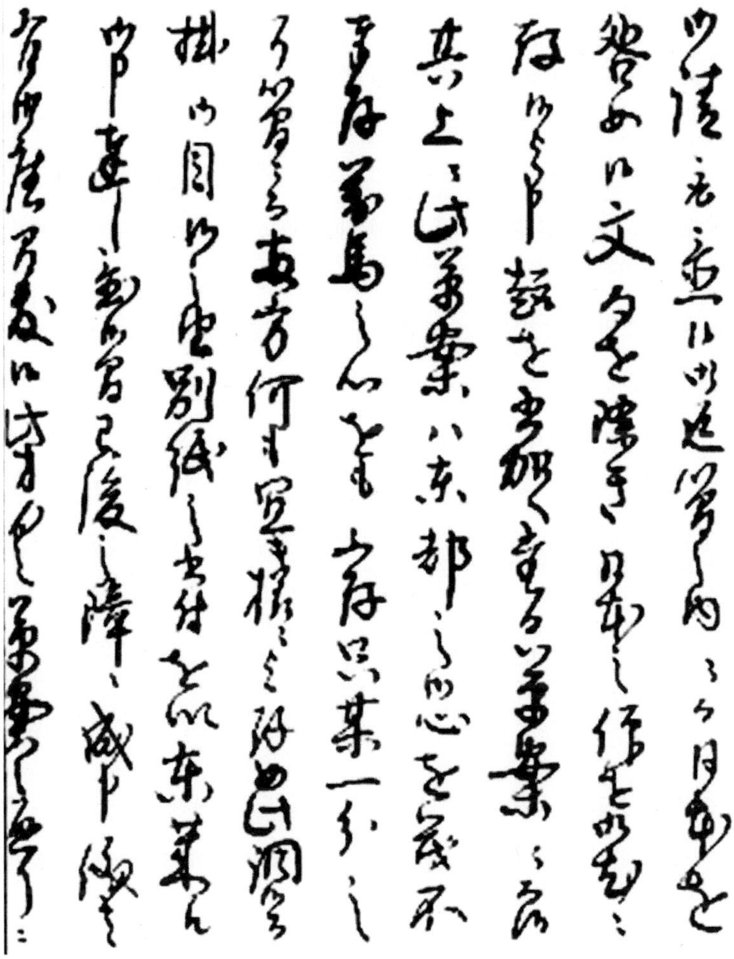

御請取置候御返簡之内ニ而日本を咎め候文句を除き日本之仰を御尤ニ存候与申趣を書加へたる草案ニ而候其上ニ此草案ハ東都之御心を茂不奉存対馬之心をも不存只某一分之了簡ニ而両方何も宜キ様ニ与存如此調候而掛御目候之由別紙之書付を以東莱江御申達し置候間已後之障ニ成申儀者有御座間敷候此方より之草案之通りニ

請け取った御返翰の内から、日本を咎める文句を除き、日本の仰せを御尤もに思うと、そのような趣旨を書き加えた草案でございます。その上、この草案は東都の御心を汲む事もせず、対馬の心をも配慮せず、只、拙者の身一分の考えによって[日本と朝鮮の]両方が何れも宜しい様にと考え、調えたものでございます。御目に掛けたような別紙の書付を以て、東莱へ申し伝えており、これは[あくまでも私案であり]以後の[国の御方針の]障りに成るようなものではありません。こちらからの草案の通りに

청취했던 반한 속에서, 일본을 책망하는 문구를 삭제하고, 일본의 요구를 당연하다고 생각하고, 그와 같은 취지를 더하여 기록한 초안입니다. 그리고, 이 초안은 동도의 뜻에 따르는 일도 하지 않고, 쓰시마의 생각도 배려하지 않고, 그저 졸자 혼자의 생각에 따라 [일본과 조선] 쌍방 모두에게도 좋게 할 생각으로 조정한 것입니다. 보신 것과 같은 별지의 서부를 동래에 전달하여, 이것은 [어디까지나 초안으로] 이후에 [나라의 방침에] 장애가 되는 것이 아닙니다. 이쪽의 초안대로

相段可申上候得共如何ニ候事ニ而無之候
今般若此迄学候而難ニ候也武芸要候
大意を彼方ニ而申候其上ニ而学ぶ要
彼有之意ニ而可叶所を申候得実ニも
相済可有之候間相尋候て如何様ニ可有之候
奥意を彼方へ被尋候而も諸手練能
可成歴然之仕方を申候然ハ一理有之事ニ候
可相見案候ハ、日意ニ可有之程能候様ニ可有之
奥意を知りても疑を出し候事も可有之候

相改可被申与存候而認申たる〻而ハ無御座今度若御返簡改る勢〻而候ハヽ此草案之大意を彼方〻而被存其上〻而草案彼方之意〻不叶所を被申聞幾重〻も相談可有之儀与存たる〻而御座候此方之奥意を彼方〻能存候而者諸事謀能候段歴然之儀与被申候ハ一理有之事〻而候得共某〻ハ同意〻不存候唯随分此方之奥意を知らせ疑を込られさる様〻

御改め下さいと「あちらに」申して[これを]したためたわけではありません。そのように申したわけでは無く、今度、もし御返翰が改まる勢いになれば、この[修正]草案の大意をあちらで御承知いただき、その上で、この[修正]草案の中の、あちらの意に叶わぬ所を[こちらがまた]申し聞かされ、そのようにして幾重にも相談をして[次の御返翰を]整えたいと思った事からでございます。こちらの奥意を、あちらがよく承知していては、諸事[あちらにとって]謀り易く[いいように処理されてしまうのは]歴然の事と申されました。これには一理ございますが、私はそれに同意するものではありません。ただ随分と[誠意を尽くし]こちらの奥意を知らせ、疑いを込められない様に

고쳐주세요 라고 「저쪽에」 요구하여 [이것을] 기록한 것은 아닙니다. 그렇게 요구한 것이 아니라, 이번에 혹시 반한을 개정할 분위기가 되면 이 [수정] 초안의 대의를 저쪽에서 이해하여, 그런 후에 이 [수정] 초안 중에 저쪽의 뜻에 맞지 않는 곳을 [이쪽이 다시] 듣고, 그렇게 몇 번이고 상담하여 [다음의 반한을] 정리하고 싶다고 생각했기 때문이었습니다. 이쪽의 깊은 뜻을 저쪽이 잘 알고 있으면 모든 일을 [저쪽에서] 처리하기 쉬워 [좋게 처리되는 것은] 분명한 일이라고 말씀하셨습니다. 이것에는 일리가 있습니다만 나는 그것에 동의하는 것이 아닙니다. 다만 충분히 [성의를 다하여] 이쪽의 내심을 알려 의심이 들지 않도록

無之由ニ而相濟候得共右之段不審之

甚しき事ニ候 一 公儀ニも御存ニ候ハヽ今之段ハ

一大事朝鮮國之御内證ニも迄御座候

右之趣ニ而御座候ニ付御拙候ハヽ御為

大切成事ニ而御座候而難成候

存候ニ朝鮮國之御内證ニも朝鮮之利ニ

被成候ヘハ之業をも存し候成候ハヽ

殊之大切成事ニ御座候 佛仕者

いたし置候而相談仕り度事与存候草案を遣し候事万一　公儀江聞江候而ハ今度之一大事朝鮮国与御内談ニ而御返簡之草案迄被遣候なとゝ御座候而ハ別而大切成御事与被申候段も難心得儀与存候朝鮮国与御内談ニ而朝鮮之利ニ成候返簡之草案を御出し被成候而ハ誠ニ大切成御事ニ而御座候御使者

して[あちらと]相談を行って参りたいと思っています。草案を遣わした事で、万一公儀へ聞こえては今度[は対馬府中藩]の一大事となる。朝鮮国との御内談によって、御返簡の草案までも遣わされたなどとあっては、格別に大切な[お咎めの]事が舞い込んで来ると、そのように申される事も心得難い事でございます。朝鮮国との御内談によって、朝鮮の利に成るような返翰の草案を御出しに成っては、誠に大切な事に発展するでしょう。しかし御使者が

해서 [저쪽과] 상담해나가고 싶다고 생각하고 있습니다. 초안을 보낸 일을 만일 장군이 들으셨다면, 이것[은 쓰시마 후츄우한]의 큰 사건이 됩니다. 조선국과 내담하여, 반한의 초안까지 보냈다는 등의 일이 있었다면, 각별히 엄하게 [책망하는] 일이 일어날 것이라고 말하는 것도 이해하기 어려운 일입니다. 조선국과 내담하여 조선에 이득이 될 것 같은 반한의 초안을 보냈다면, 그것이야말로 큰일이 되겠지요. 그러나 사자가

朝鮮ゟ相渡候ハゝ彼方ゟ出し
其書ハ返簡ニ而ハ無之候得共
さる文字を除き申候而も宜き
文句を加へさせ候由承候ニ付
段りニて御使者も思切ニ成不申候ハ
ニ而御座候ニ段り申候而も使者能
成り候儀を御申入候ハ
候ニ付某承候而申候故

朝鮮ニ而相談有之候而彼方より出し被置候返簡之内ニ而日本之御為ニ宜からさる文句を除させ日本之御為ニ宜キ文句を加へさせられ候而若其通りニ改り候ハヽ御使者之忠功与成り可申候其通りニ改り不申候而も御使者之咎与成り申儀者有御座間敷候右之草案之儀ニ付某所存段々有之候得共不申尽候

朝鮮にて相談を行い、あちらから出された返翰の内に、日本にとって宜しくない文句を除き、日本にとって宜しい文句を加えさせる事は、もしその通りに改ったならば、御使者の忠功と成ることでございましょう。その通りに改らなくても、御使者の咎に成るような事では無いと思います。右の草案の事に付いては、私には考える所が、なお色々とございますが[それを全て]申し尽すことなどできません。

조선에서 상담을 하여, 저쪽에서 보내준 반한 중의, 일본에 좋지 않은 문구를 삭제하고, 일본에 좋은 문구를 더하게 하는 일은, 만일 그대로 고쳐졌다면 사자의 충공이 되는 일이겠지요. 그대로 고쳐지지 않아도 사자를 책망할 일은 아니라고 생각합니다. 위의 초안에 대해서는, 나는 생각하는 것이, 또 여러 가지가 있습니다만 [그것을 모두] 밝히는 것과 같은 일은 할 수 없습니다.

一 此段竹嶋之話向御国争ニ掛合何とも
渡方之請合宜方ニ此方之勝利ニ可罷成候
方之為ニ此度之事候ハヽ

一 御返簡之趣向筋目多申掛置何之道ニも彼方之請合宜方ニ此方之勝利ニ罷成候様ニ有之度御事与奉存候

一 瀧の意見(七)

一 御返翰[の修正を求める]趣向(工夫)については、筋道を立て[改めるべき事を数]多く[あちらに]申し掛け[るべきでございます。その折]どのような道にも、あちらの請け合いの宜しい方に[譲りつつ、要所においてのみ、こちらで押さえ、結果として]こちらの勝利に成る様に[交渉としては]有りたいものでございます。

1. 로우의 의견(7)

반한[의 수정을 요구하는] 방법에 대해서는, 계획을 세워 [고쳐야 할 것을 수]많이 [저쪽에] 요구해[야 합니다. 그때] 어떠한 일에서도, 저쪽이 받아들이기 쉽게 [양보하고, 중요한 곳만은 이쪽에서 지켜, 결과적으로] 이쪽의 승리가 되도록 하는 [교섭이] 되었으면 하고 생각하는 바입니다.

節目多申掛候ハヽ彼方ゟ疑を起し申
事ニ而御座候處御用之儀猶又實
儀とも存候ハヽ雖然猶又可申上候
御吟味之上ニ而御改め被成候而一例を
定置申度候而被成候ハヽ可然御事ニ
奉存候

筋目多申掛候ハ彼方之疑を起し申事ニ而御座候故御用之御為ニ不宜儀与奉存候唯ケ様ニ無之候而者不叶儀与御吟味之上ニ而御改め被遊たる一筋を無異変御申達し候様ニ有之度御事与奉存候

私の意見

筋目を多く申し掛けたならば[なにゆえそのように細かく申し掛けるのかと、かえって]あちらの疑念を招く事にもなり[結局、全てを拒否されてしまうに違い有りません。] それゆえ御用の為には[そのような趣向は]宜しく無い事と思います。このようで無くては叶わぬ事と、御検討の上で、改めて貰いたい一筋のみを、ただ異変なく申し伝える様になさるべきでございます。[本来の交渉とは]そのように有りたいものと思っております。

나의 의견

사리를 많이 이야기하면 [왜 그렇게 자세히 말하는 것일까 라고, 오히려] 저쪽의 의심을 사는 일이 되어 [결국, 모두를 거부당하고 말 것이 틀림없습니다.] 그렇기 때문에 용무를 위해서는 [그러한 방법은] 좋지 않은 일이라고 생각합니다. 이렇지 않으면 안 되는 일이라고 검토한 위에, 고쳐주기를 바라는 한 구절만을, 그저 틀림없이 전달하는 것처럼 해야 합니다. [본래의 교섭이란] 그렇게 해야 한다고 생각하고 있습니다.

一
此度之御用被為蒙候付御書簡之趣
向を存候処先段も申出候通返文之節
申之間意ニ無之振ニ而も筈ニ相成不申候
書之事候ハ御重之奥意ハ承候得共
彼方分差障を何と可有之哉と申候
支ハ今振之障り是ハ此障与申候

一 此度之御用致落着彼方より御返簡之趣向を好候共先使被差出置候注文之趣向与同意ニ無之様ニ御了簡被遊被置度御事与奉存候御届之奥意ハ不被仰聞彼方より是程ニ者何と可有之哉与申聞候を夫ハケ様之障り是ハ此障なとゝ申候而

一 瀧の意見(八)

一 この度の御用が落着し、あちらからの御返翰の内容が[たとえ]良くなっても、先の使者が差し出した註文の内容と[全く]同じように[修正されて来る事は]ありません。[外交交渉とは五分五分で収まるもので、それが四分六分で優位に収まれば上々の事でございます。]そのように御考えになって置かれたほうがよいと思います。[公儀が]御望みする奥意は[果たしてどのようなものでございましょうか、こちらでは、まだその奥意を]聞かされておりません。[だからどこまで強行して主張を貫き通してよいのか、なお不明の所がございます。]また、あちら[朝鮮]からは、このような場合、どのようで有ったらよろしいのかと、そのように[こちらから]聞いても、それはこのように障害が有る、これはこのように障害が有るなどと言って、

1. 로우의 의견(8)

이번의 용무가 낙착되어 저쪽이 보낸 반한의 내용이 [설령] 좋게 되어도, 앞의 사자가 제출한 주문의 내용과 [모든 것이] 똑같은 것으로 [수정되는 일은] 없습니다. [외교교섭이란 반반으로 수습되는 것으로, 그것이 4부와 6부의 우위로 수습되면 상중의

상입니다.] 이렇게 생각하여 두는 것이 좋다고 생각합니다. [장군이] 원하는 내의는 [과연 어떠한 것일까요. 이쪽에서는 아직 그 내의를] 듣지 못하고 있습니다. [그러므로 어디까지 강행하여 주장을 관철해야 좋을 것인가가, 아직도 불명한 점이 있습니다.] 또 저쪽 [조선]에서는 이러할 경우, 어떻게 하면 좋을 것일까 라고, 그렇게 [이쪽이] 들어도 그것에는 이러한 장애가 있다, 이것에는 이러한 장애가 있다는 등을 말하여

兎角被成、指図之様大概宜方ニ而極め
不残成之支度与申候ハ、何篇し被成候を
日本之古例等ニ而極め之大概之事朝鮮ゟ
之所ト如之様ニ而相極候処、與意し相成
有之候得共、此度一ト掛も以之外之事
候ニ有之候ハ

兎角彼方之持出候様ニ被成宜方ニ御極め被遊度御事与奉存候竹嶋之儀此度者日本之属島ニ御極め被成重而朝鮮より御改申出候様ニ被遊度御奥意之様ニ乍恐奉存候尤此度其申掛も首尾ニより可有之儀与奉存候

兎角、あちらの持ち出す[様々な]考えによって[色々と振り回されてしまいます。どこまで、それを認めてよいのか分からなくなります。そのような状態でありますので、結局のところ我々が]宜しい[と考える]方向に[思いを定め]御決定なさる事[が大切]でございましょう。竹嶋の事については、この度は日本の属島に御決定なさり、再び朝鮮から[漁民が渡って来るような事は]御断り申すようになさるべきでございましょう。[それが公儀の]御奥意の様に、恐れながら考えるからでございます。尤も、この度[彼の国へ]そのような申し掛けをしても[あちらの]首尾によっては[成らぬ事も有り得ます。それゆえ使者の果たす役割は]とても重要で有ると考えます。

어쨌든 저쪽이 제시하는 [여러] 생각에 따라 [여러 가지로 휘둘리고 맙니다. 어디까지 그것을 인정해서 좋을 것인가를 알지 못하게 됩니다. 그와 같은 상태이기 때문에 결국은 우리들이] 좋다[고 생각하는] 방향으로 [마음을 정하고] 결정하시는 일[이 소중]하겠지요. 죽도의 일에 대해서는, 이번에는 일본의 속도로 결정하시어, 다시 조선에서 [어민이 건너오는 것과 같은 일은] 거절하도록 하셔야 할 것입니다. [그것이 장군의] 내심이라고 삼가 생각하기 때문입니다. 원래 이번에 [저 나라에] 그와 같은 요구를 해도 [저쪽의] 상황에 따라서는 [되지 않는 일도 있을 수 있습니다. 그렇기 때문에 사자가 수행하는 역할은] 매우 중요하다고 생각합니다.

一 役者方ゟ差留ニ相成候ニ付て
右懸り上ニてハ彼方ニ得と申談
候支ニ而難渋　彼方ゟ差留ニ付ニ段
候ニ付下ヲ申ヲ以申付候ニ付　役者ニ而承知
候得共右ニ付屋形方之事ニ候今般
御役所様ニ而役者共ニ而御座候
ニ而差留候事ニ相成候得共
何分ニも可然様ニ御取計之程奉願上候

御使者方より御返簡ヶ様ニ御改被下候へと被願候上ニ而ハ彼方之存分をも可被申聞事ニ候得共彼方より返簡是程ニ改め候而如何可有之哉与御使者ニ被尋候儀者決而御座有間敷事与存候今度　御隠居様より御使者被差渡候とも右之御返簡宛所のミを替へ文体ハ本之通ニ而可書改与被申ニ而可有御座候其時此方より

私の意見
御使者の方から、御返翰をこのように御改め下さいと、そのように[すでに]願われた上の事なので[まずは]あちら[朝鮮]のお考えをお聞かせいただくべき事であろうと思います。ですが、あちらから返翰を是程に改めたが、如何で有ろうかと、御使者に尋ねられるような事は、決して無いと思います。今一度、御隠居様から[あちらへ向けて]御使者を差し渡されても、右の御返翰の宛所のみを[ただ宗対馬守から刑部大輔へ]替えるだけで、文体[内容]は元の通りのままでしょう。そのような[宛所の変更だけで]書き改めたと[あちらは]申される事でしょう。そのような時、こちらから

나의 의견
사자 쪽에서 반한을 이렇게 고쳐주세요 라고, 그렇게 [이미] 원한 상태에서의 일이기 때문에 [우선은] 저쪽 [조선]의 생각을 들어야 하는 일이라고 생각합니다. 그러나 저쪽에서 반한을 이 정도로 고쳤는데 어떻게 할까요 라고 사자에게 묻는 것과 같은 일은 결코 없다고 생각합니다. 지금 한 번, 은거하신 분이 [저쪽에] 사자를 보낸다 해도, 위 반한을 받을 상대만을 [그저 쓰시마노카미에서 교우부타이후로] 바꿀 뿐이지 문체의 [내용]은 원래대로일 것입니다. 그와 같은 [수취인만을 변경하여] 개서했다고 [저쪽은] 말하겠지요. 그럴 때 이쪽에서

前役之注文之趣を以言上ニて申達候処
委細之申段被仰下候、然ル所相成申段被難
有御座候、申遣シて委細承り候を被御尋候、
委細之所、御書面ニも一々御書付申上候
東萊官方分注文之書付を被差越候て
前役注文之趣ニ而申聞候ニ付而、猶
文形を除ク而書付候而可相済候旨
此方之注文を東萊官方ニ而書付差越
役人申越筈之由ニ御座候由申候故申上

前使之注文之趣を口上ニ而御申述候而此通りニ御改め被下候へ若左様御改め難被成儀ニ御座候ハヽ其道理を被仰聞候へ委細ニ承幾重ニも可申談与御申候上ニ而接慰官方より注文之書付を被望候ハヽ前使注文之通ニ而御用ニ不拘前後之文段を除ケ御書付候而可被相渡儀与存候此方之注文を接慰官方ニ而書付今度之使者御返簡を如此御改め被下候得之由

前使の注文の趣旨を口上にて申し述べ、この通りに御改め下さい、もしも、そのようにお改めに成られ難い事があれば、その道理をお聞かせ下さい。委細に承り幾重にも御相談を致しますと申し述べ[る事になります。] その上で、接慰官の方から[この]注文の書付を望まれたならば、前使[が記し置いた]注文の通りの[文言を、接慰官の]御用[の内容]に拘らず、前後の[儀礼上の]文段を除いて[要点のみを]御書付にしてお渡しなさるべきと思います。こちらの注文を接慰官の方で[自ら]書付け、今度の使者は[朝鮮からの]御返翰[の内容]を、このように御改め下さいと

전의 사자가 주문한 취지를 구상으로 설명하며 이대로 고쳐주세요, 만일 그렇게 고치시기 어려운 일이 있으면 그 도리를 들려주세요. 자세하게 들으며 몇 번이고 상담하겠습니다 라고 말씀드[리는 일이 됩니다.] 그런 후에 접위관 쪽에서 [이] 주문의 서부를 원하셨다면, 전 사자[가 기록해 둔] 주문대로의 [문언을, 접위관] 용무[의 내용]과 상관없이, 전후의 [의례상] 문단을 삭제하고 [요점만을] 서부로 해서 건네주어야 한다고 생각합니다. 이쪽의 주문을 접위관 쪽에서 [몸소] 기록하여, 이번의 사자는 [조선이 보낸] 반한[의 내용]을 이렇게 고쳐주세요 라고

申候ニ付都ニ而證文ニ仕候を難成様ニ存候
之書状を都より出し候而ハ返答ニハ留置候ハヽ
朝鮮十分之道理ニ無之候を紙面ニ
而不申候者之證文ハ日本ニも道理を書
紙面ニハ一ハ掠置方ニ申付候段
其ニ候而ハ書を写置候ハヽ申候得ハ
申候者方ニ證文出申候ハ申候様
改り候相違ハ御座候中不届ニ存候
竹嶋を以後ハ日本之竹嶋ニ御座候

申候与都江注進被仕儀者難成勢与存候其故者都より出し被置たる御返簡ハ朝鮮十分之道理ニ書キたる紙面ニ而候所御使者之注文ハ日本ニも道理を立候紙面ニ而候へハ接慰官方ニ而書付被差登候儀被致遠慮筈ニ而御座候然者御使者方より注文出不申候而ハ御返翰改り候相談ハ成り申間敷哉与存し候竹嶋を此度ハ日本之属嶋ニ御極め

申していると、都へ注進なさる事は難しいと思います。その理由は都からお出しになった御返翰は、朝鮮十分の道理でお書きになった紙面でございます。そのような所で、御使者の注文は日本にも道理を立てた紙面であるので、接慰官の方で[わざわざ自ら]書き付け[都へ]差し登らせるような事は[接慰官の立場上]遠慮致される筈でございます。そうであるなら、御使者の方から[敢えて]注文を出さなければ、御返翰が改まるような相談は[とても]成る事では無いと思います。[六郎右衛門が申し述べるような]竹嶋を、この度は日本の属島に御決めに

요구하고 있다고, 도성에 주진하시는 일은 어렵다고 생각합니다. 그 이유는 도성에서 내리신 반한은 조선의 충분한 도리로 기록하신 지면입니다. 그러한 것을, 사자의 주문은 일본의 도리를 맞춘 지면이기 때문에, 접위관 쪽에서 [일부러 몸소] 기록하여 [도성에] 바치는 것과 같은 일은 [접위관의 입장상] 삼가하시기 마련입니다. 그러하다면 사자 측에서 [일부러] 주문을 하지 않으면, 반한을 고치는 것과 같은 상담은 [아무래도] 성사되는 일이 없다고 생각합니다. [로쿠로우에몬이 말씀하신 대로] 죽도를 이번에는 속도로 결정

之儀二付而朝鮮与日本之間ニ而様々之議論ニ
其節以後異論無之候得ハ竹嶋を
朝鮮之属嶋と其節以後彼方ニも致承服
候趣ニ相聞候只八十年以来日本人彼嶋ニ参る
渡り仕候を彼方ニ不存候ニ付今ニ至り使
者を以而申立候ハ今更異事ニ属嶋ニ
而議論ハ入組難弁候智分僅り
有之而彼是と存候得共以之次第御座
可然候と存候

被成重而朝鮮より御断申候様ニ被遊度与被申候段甚難心得儀与存候竹嶋を朝詳之属嶋与被申候段彼方ニ者慥成証拠有之候只八十年以来日本人彼嶋ニ而漁り仕儀を彼方ニ乍存不念ニ而者届無之所を御申立候而今度日本之属嶋ニ御極め被成儀ハ如何程弁才智力備りたる御使者を被差渡候とも決而成申間敷儀与奉存候

成られ、重ねて朝鮮から[の漁民の渡海は]御断りをしたいと、そのように決着を図りたいと言うような事は[この交渉に於いては]甚だ難しい事であると思います。竹嶋が朝詳の属島であるとする事については、あちらに確かな証拠が有ります。只八十年以来、日本人が彼の島において漁業を行っていた事実を、あちらは知っていながら[咎める事を]つい失念し、こちらに[異議申し立てを]して来ませんでした。そのような事を[捉え、今こちらから、その御瑕瑾を執拗に]申し立て、今度、日本の属島に御決めに成られようとする事は、如何程の弁才や智力が備った御使者を差し渡されようと、決して罷り成るような事ではありません。

하시고 다시는 조선에서 [오는 어민의 도해는] 거절하고 싶다고, 그렇게 결정하고 싶다고 말하는 것과 같은 일은 [이 교섭에서는] 매우 어려운 일이라고 생각합니다. 죽도가 조선의 속도라고 하는 일에 대해서는 저쪽에 확실한 증거가 있습니다. 다만 80년 이래 일본인이 그 섬에서 어렵을 행하고 있었던 사실을, 저쪽이 알고 있으면서 [책망하는 일을] 그만 실념하여 이쪽에 [이의 신청을] 하지 않았습니다. 그것을 [구실로 삼아 지금 이쪽에서, 그 실책을 집요하게] 이야기하여, 이번에 일본의 속도로 결정하려고 하는 일은 아무리 뛰어난 변재나 지력을 구비한 사자를 보낸다 해도 결코 이룰 수 있는 일이 아닙니다.

一 公命ニ而も難渋申し證文を預り候後遠慮ニ
相係 公儀へ可差出候申事数有之證文を
請候者 候遠慮を扣可申候

一　公命ニ而も難成由之証文を給り候得返簡ニ相添　公儀江可差出候由申断り証文を請取御返簡を持渡り可申候

一 瀧の意見(九)

一　公命による[交渉であって]も応じ難いと[そのように朝鮮の側が申すのであれば]そのような[承引できないという]証文を[こちらは]受け取るべきでございます。それを返翰に相添え公儀へ差し出せば[それで]よい事でございます。それゆえ、そのように[しっかりと、あちらに]申し伝え、証文を請け取り、御返翰を[対馬に]持ち返るべきでございます。

1. 로우의 의견(9)

공명에 따른 [교섭이라 해]도 응하기 어렵다고 [그렇게 조선 측이 말한다면] 그처럼 [승인할 수 없다는] 증문을 [이쪽은] 수취해야 합니다. 그것을 반한에 첨부하여 장군에게 제출하면 [그것으로] 되는 일입니다. 그렇기 때문에, 그렇게 [빈틈없이 저쪽에] 말하여 증문을 청취하고, 반한을 [쓰시마로] 가지고 돌아와야 합니다.

吉良ニ對し不礼致遺恨を以[illegible]者ニ而
[illegible]候ハ吉良之[illegible]候處[illegible]
[illegible]候[illegible]候[illegible]一千[illegible]
[illegible]候[illegible]者[illegible]
[illegible]義理ハ[illegible]吉良[illegible]
切腹可被[illegible]候[illegible]

日本ニ対し不祀成返簡を御使者被持帰候段ハ日本之御瑕瑾御国御職分之御暇瑾与奉存候私存候者万一其期ニ至候ハヽ御使者方より以書付君命をはつかしめさる義理ニ而御座候間東莱ニ而切腹可仕候此段京江御聞届候との御返事を

私の意見

日本に対し不祀な返翰を御使者に持ち帰るよう命じる事は、日本の御瑕瑾であり、御国(対馬)の御職分の御暇瑾であると思います。私が思うには、万一そのような[持ち帰らざるを得ないような]事態に至れば、御使者方から書付を以て[あちらに申し出るべきであります。すなわち使者は]君命を辱めないよう行動する義理があり、それゆえ東莱において切腹を仕る。この[祀を失した書翰の]事を京へ御報告いただきたい。もしも御聞き届けの御返事を

나의 의견

일본에 대해 결례가 되는 반한을 사자에게 가지고 돌아오라고 명하는 것은 일본의 흠이며, 나라(쓰시마) 직분의 흠이라고 생각합니다. 내가 생각하기에는 만일 그처럼 [가지고 돌아오지 않으면 안 될 것 같은] 사태에 이르면 사자 쪽에서 서부로 [저쪽에 이야기해야 합니다. 즉 사자는] 군명을 욕보이지 않도록 행동할 의리가 있어, 그렇기 때문에 동래에서 할복을 한다. 이 [예에 어긋나는 서한의] 일을 경에 보고해 주셨으며 한다. 혹시라도 승낙하는 답을

何月と相待甚白を遣して御返事御座
候とも御返事無御座候とも京都ニ
而鍼切候仕り御返留ら集[illegible]
置し池縁とらへ在候ニ而お待り御[illegible]
一の仕合ニ無御座候中々[illegible]一の仕合ニ
存候

何日迄相待其日を過候ハヽ御返事御座候とも御返事無御座候とも東莱江罷越切腹仕り御返簡与某在留之留之記録とハ在館之士持帰り候様ニ可仕与委細ニ申達置其通可仕儀与存候

[いただけるなら]何日か迄、相待つ事にする。その日を過ぎれば、御返事が有ろうと無かろうと、東莱へ罷り越し切腹を仕る。御返翰と、それがしの[交渉のための和館]在留の記録とは、在館の士が[本国に]持ち帰る様になる。このような事を委細に申し伝え置き、其の通りになさるべきであります。

[받을 수 있다면] 며칠까지는 기다리는 것으로 한다. 그날이 지나면 답이 있건 없건 간에 동래로 넘어가 할복을 한다. 반한과 본인이 [교섭을 위해 화관]에 재류한 기록은 재관의 인사가 [본국으로] 가지고 돌아가게 된다. 이러한 일을 자세히 전달해두고 그대로 하셔야 합니다.

公命ニ而も難成由ニ而證文を出し御座候ニ付成

由ニ而此上ハ京都江可致申達候ニ付

須色無残御様ニ可遂御覚も難得

一 公命ニ而も難成由之証文を出候儀不罷成由申候ハヽ此上ハ京都江罷越可申達候間其趣注進被致候様ニ与可申懸候是も埒明

一 瀧の意見(十)

一 公命によっても成立し難い程であり、そのような[困難な事の証しの]証文も出す事は罷り成らぬと、そのように[あちらが]申すのであれば、その上は京都へ罷り越し[直接、国王のお耳に]達するよう[にするつもりである。そのための行動を起こすと]そのような趣旨を[朝廷に]注進なさるよう[あちらへ]申し掛けるべきでございます。これでも埒が明か

1. 로우의 의견(10)

공명에 따른다 해도 성립하기 어려울 정도로, 그와 같은 [곤란한 일을 증명하는] 증문도 제출하는 일은 할 수 없다고, 그렇게 [저쪽이] 말한다면, 그때는 경도에 가서 [직접 국왕의 귀에] 들어가도록 [할 예정이다. 그러기 위한 행동을 시작하면] 그와 같은 취지를 [조정에] 주진하실 것을 [저쪽에] 말해야 합니다. 이래도 납득하지

市ニ而ハ二寺相ニ動乱而殺死之相聞候由接慰官
ヲ押留乗ハ大廳ニ而不差出候ニ付双方ゟ
扱入候ニ付衆剣を遣候而又ハ接慰官
東萊府ニ而其段為致接慰官京へ引取り
候様ニ伝達ニ而扱手之要用中上候
次第相果可申候

不申候ハヽ其期ニ至而必死与相極め接慰官を押留互ニ太廳ニ可罷在候其時双方ニ而扱入可申候間参判(行間に「本ノママ」とあり)屋ニ取込候か又者接慰官東莱江手形為致接慰官京江引取り不申様ニ仕置其様子御案内申上御差図次第相果可申候

ないのであれば、その期に至っては、必死と相定め、接慰官を押し留め、互いに大庁の中に罷り在って[向き合う事になります。] その時、双方から扱い人を入れ[さらに対決の構えを]見せ[決断を促すか、さらに強引に彼らを和館の]参判屋に取り込み[押し込めてしまうか]という事になります。又は接慰官や東莱府使に[証文発給の]手形を書かせ、接慰官が京へ引き揚げない様に[拘留し]その様子を[京に逐一]報告すべきであります。その御差図の次第によっては、接慰官や東莱府使共々、ここで相果てるべきでございます。

못한다면, 그때가 되면 죽음을 각오하고 접위관을 억류하여, 같이 대청에 있으며 [마주 보는 일이 됩니다. 그때 쌍방에서 관계자를 개입시켜 [더욱 대결의 자세를] 보여 [결단을 촉구하거나 더 강인하게 그들을 회관의] 참판옥에 집어넣고 [가두어 버리거나] 하는 일이 됩니다. 또는 접위관이나 동래부사에게 [증문 발급의] 문서를 쓰게 하여, 접위관이 도성으로 철수하지 못하도록 [구류하고] 그 상황을 [경도에 빠짐없이] 보고해야 합니다. 그 지시 여하에 따라서는, 접위관이나 동래부사들은 여기서 죽어야 합니다.]

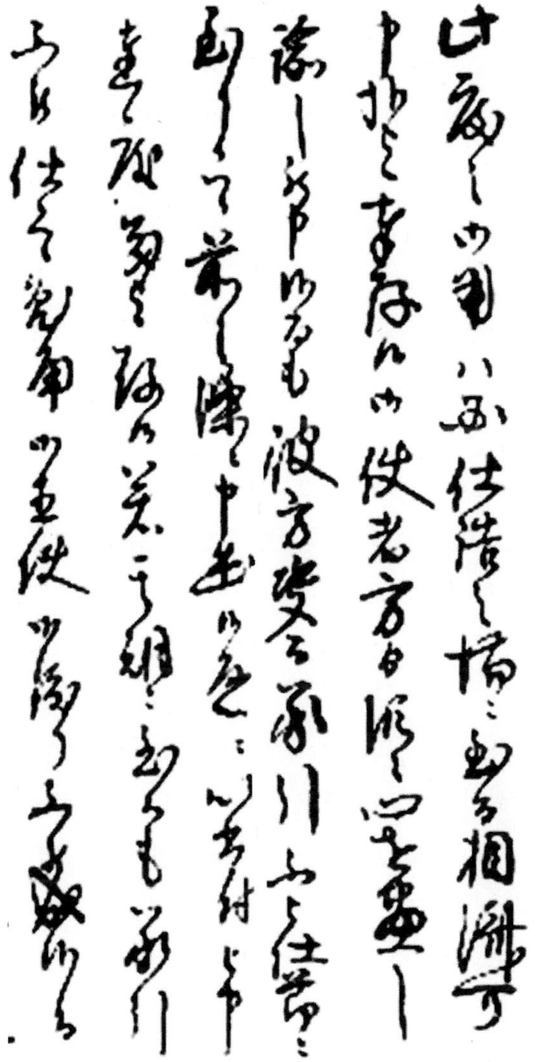

此度之御用ハ必仕詰之場ニ至而相済可申哉与奉存候御使者方より段々心を尽し諭し被申候而も彼方決而承引不被仕節ニ至り候ハヽ前之条ニ申述候通ニ以書付被申達度儀与存候若其期ニ至而も承引不被仕候ハヽ兎角御直使御渡り不被成候而

私の意見

この度の御用は、必ず仕詰の場に至って[それでようやく事が]済むようになると思います。御使者の方から色々と心を尽し[あちらを]お諭し申しても、あちらは決して御承引なさらぬ事でございます。それゆえ前の条にも申し述べた通り、書付を以て申し伝えたい事と存じます。もし其の期に至っても御承引なさらなければ、兎も角も[公儀から]御直使が御渡りに成らなければ

나의 의견

이번의 용건은 반드시 막판에 가서 [그때야 겨우 일이] 끝나게 될 것이라고 생각합니다. 사자 쪽에서 여러 가지로 마음을 써서 [저쪽을] 설득해도 저쪽은 결코 승인하시지 않을 것입니다. 그렇기 때문에 전 조에서도 이야기했듯이 서부로 전달하고 싶다고 생각합니다. 만일 그때에 되어서도 승인하지 않으면 어쩔 수 없이 [장군의] 직사가 건너가지 않으면

前科之掛り下候者の位を切腹ニ仕
候縦短慮ニとも云ニ外則とも可申根元
ニ候ハ、掛合官兵衛方ニ而重科ニ仕候段
決而不届成事ニ候得ハ掛合重科
厳ニ可被仰付候波方大ニ而承服も可有之
申上候様御聞ニ候ハ、仕候

不叶勢ニ極り申候間御使者切腹被仕候段短慮とも無分別とも可申様者無御座候接慰官東莱江手形為仕候儀決而罷成間敷事与存候接慰官参判屋ニ取込候而者彼方大なる恥辱をあたへ申ニ而御座候間内々ニ御使者仕詰之

叶わぬ勢いに決まりでございます。そうなれば御使者は切腹という事になりますが、これは短慮とも無分別とも申すような事ではございません。[その立場として、やむを得ぬ事でございましょう。]接慰官や東莱府使へ[約束の]手形を[書かせるような]仕方は、決して罷り成るような事ではありません。[ましてや]接慰官を参判屋に取り込むような事に至っては、あちらに大なる恥辱を与える事でございます。それゆえ内々に御使者が仕詰の

안 된다는 흐름으로 정해집니다. 그렇게 되면 사자는 할복이라는 것이 됩니다만, 이것은 단려라고도 무분별이라고도 말할 수 있는 일이 아닙니다. [그 입장으로서 어쩔 수 없는 일이겠지요.] 접위관이나 동래부사에게 [약속의] 문서를 [쓰게 하는 것과 같은] 방법은 결코 해서는 안 되는 일입니다. [하물며] 접위관을 참판옥에 가두는 것과 같은 일이 되면 저쪽에 큰 치욕을 주는 일입니다. 그렇기 때문에 은밀히 사자가 막판의

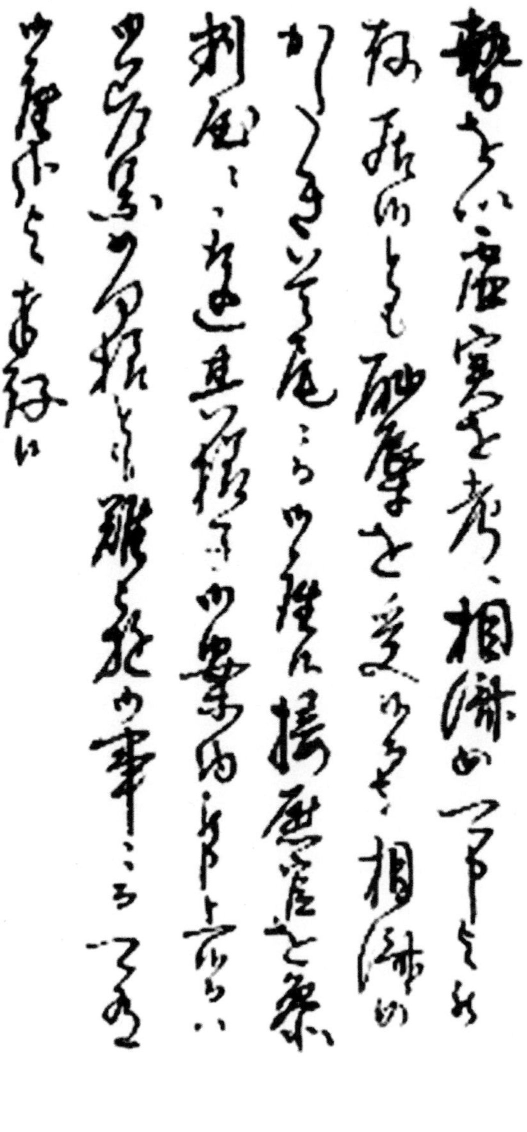

勢を以虚実を考へ相済め可申与被存居候とも恥辱を受候而者相済めかたき首尾ニ而御座候接慰官を参判屋ニ取込其様子御案内被申上候而ハ御差図如何様とも難被遊御事ニ而可有御座哉与奉存候

勢いを以て、虚実を考え[その態度を示すだけに留めるべきで]そのように済ますべき事と思います。そのように考えて居ても[一旦、事が起こり、あちらが]恥辱を受けてしまっては、もうそれで済むような事は[ありません。以後の解決は、いよいよ]難しい首尾となる事でございます。接慰官を参判屋に取り込んだ上で、その様子を[あちらに]御報告なさってしまっては[もはや、その後の本国からの]御差図は、如何様にも遊ばされ難い御事で御座います。

흐름을 보고 허실을 판단하여 [그 태도를 나타내는 것으로 멈추어야 하는 것으로] 그렇게 끝마쳐야 하는 일이라고 생각합니다. 그렇게 생각하고 있어도 [일단 일이 일어나 저쪽이] 치욕을 받게 되면, 이미 그것으로 끝날 것 같은 일[이 아닙니다. 이후의 해결은 점점] 어려운 상황이 되는 것입니다. 접위관을 참판옥에 가둔 후에, 그 상황을 [저쪽에] 보고해버리면 [이미 그 후에는 본국에서] 지시하는 일은 아무래도 하기 어려운 일입니다.

一 御死ニ相極め之中ニ候処畢竟四角相継候
様之のニ仕り候得共要之来候

一 必死ニ相極め不申候共畢竟御用相済候様ニのミ仕候段肝要与奉存候

一 瀧の意見(十一)

[御使者が]死を賭して[御役目を果たそうと]そのように決意しなくても、結局の所、御用は相済むと[そのように柔軟に思い、肩肘張らず御役目を]仕る事が[この際]肝要でございます。

1. 로우의 의견(11)

[사자가] 죽음을 걸고 [역할을 수행하려고] 그렇게 결의하지 않아도 결국에는 용무는 끝난다고 [그렇게 유연히 생각하고 긴장하지 말고 역할을] 수행하는 것이 [이번에] 중요합니다.

申候者、心ニ無是非、宜敷御改可被下候

而、切腹可仕之所、御預ケ被成、御慈悲

御用相勤候所、大事之勝手ニ御座候

段、不届至極ニ而、重々恐入候ニ付、御申相

済候様、仕度奉願候、且又御座候

ニ而御懇之縁を存候而、御申上方ニ心を尽

御記之趣ニ而ハ、其御様ニ而、人々ニも仕

可申、可申上候

御使者之心ニ御返答宜く改り不申候ハヽ必切腹可仕与御極め候而御渡り候段御用相済候為之大なる助ニ而可有御座候然所必死ニ相極め不申畢竟御用相済候様ニ仕候段肝要与奉存候由被申候段難心得儀与存候御用之方ニ心を不用必死与極め候ハ如何様之愚人ニ而も仕間敷了簡与存候

私の意見

御使者の心に、御返答が宜しく改まなければ必ず切腹仕るべきと、そのように御決めになって[彼の国に]御渡りになる事が、御用を果たすための大なる助けになります。そのような所に、必死に意を決して行わなくとも、畢竟、御用は相済むと思って仕る事が肝要だと、そのように申される事は、心得難い事でございます。御用の方に心を用いず、必死と決める事などは、どのような愚人にても仕る事のできない考えでございます。

나의 의견

사자의 마음에 반답이 원하는 대로 개정되지 않으면 반드시 할복하겠다고 그렇게 정하시고 [그 나라에] 건너가시는 일이, 용무를 수행하는 데는 크게 도움이 됩니다. 그런데 필사의 뜻을 정하고 행하지 않아도 필경 용건은 끝난다고 생각하고 종사하는 것이 긴요하다고, 그처럼 말씀하는 것은 이해하기 어려운 일입니다. 용무에 마음을 다하지 않고 필사를 정하는 일 등은 아무리 어리석은 사람이라 해도 할 수 없는 생각입니다.

一 送使并交易之儀ハ両国御隣好之第一

事ニ候得ハ格別ニ御好之儀を相止候而ハ誠

信之道を此方ゟ彼方ニ而御取極被成候上ニ

付至此儀一挙再申談候此方ゟ

申掛候儀事ニ不存候ニ

一 送使并交易等之儀ハ両国通好之其一事ニ而候然所ニ通好之儀を相止め候者誠信之道を此方より敗ニ而候故軽キ非礼其分ニ仕置此度之一挙耳申談候由此方より申掛置度事与奉存候

一 瀧の意見(十二)

一 送使ならびに交易等の事は、両国通好の、その第一の事でございます。そのような所に通好の事を止めたならば、誠信の道を、こちらから破ることになります。それゆえ軽き非礼は、その分にしたままにして置き、この度の一挙のみを申し掛け、相談し、こちらから申し掛けをして置きたい事と存じます。

1. 로우의 의견(12)

송사 및 교역 등의 일은 양국의 통호에서 제일가는 일입니다. 그와 같은 일인데 통호의 일을 금지한다면, 성신의 길을 이쪽이 깨는 일이 됩니다. 그렇기 때문에 가벼운 비례는 그 정도로 해두고 이번의 일거만을 요구하여 이야기하여, 상담해서 이쪽에서 요구해 두고 싶은 일이라고 생각합니다.

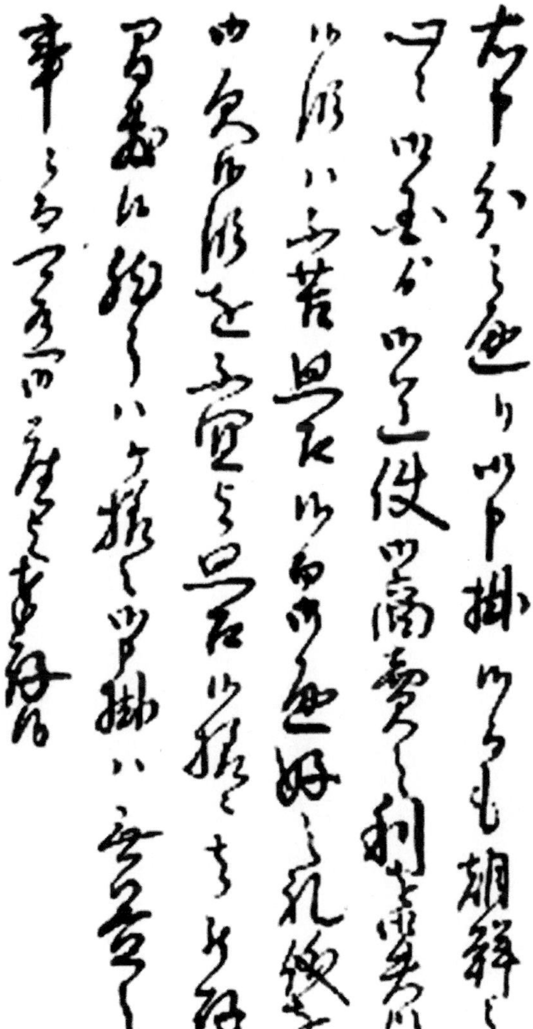

右申分之通り御申掛候而も朝鮮之心ニ御国より御送使御商売之利を御失ひ候段ハ不苦思召候而御通好之礼儀を御欠候段を不宜与思召候様ニ者被存間敷候然らハケ様之御申掛ハ無益之事ニ而可有御座与奉存候

私の意見

右に申す分の通りを[あちらに]申し掛けて見ても[少しも効果はありません。] 朝鮮の心には、御国からの御送使[が途絶え]御商売の利を失うことになっても全く苦しくないと、そのような考えがあります。それゆえ御通好の礼儀を欠くようになっては[困る]宜しくないと、そのように思う筈はありません。それゆえ、このような申し掛けは[この際]無益の事であると思います。

나의 의견

위에서 말한 대로 [저쪽에] 이의제기를 해보아도 [조금도 효과는 없습니다.] 조선의 마음에는 나라의 송사[가 단절되어] 상매의 이익을 잃게 되는 일이 되어도 조금도 어렵지 않다고, 그러한 생각이 있습니다. 그렇기 때문에 통호의 예의에 어긋나면 [곤란하다] 좋지 않다고 그렇게 생각할 리 없습니다. 그렇기 때문에 이와 같은 요구는 [이번에] 무익한 일이라고 생각합니다.

一 此度御用ニ付御渡海之方ニ而御座候
就而大切成御使之儀ニ候得者別而御心得
御用一事ニ而も無之義相揃り来ル之様ニ
事滞御座候ニ而御使之儀も以止ニ難成
御耕作候之処則ニ差延も候而ハ甚
御用多年御通り可有之候も難相知候ハゝ
御座候而来年中参着 若及二三年候ハゝ又ハ

一 此度御用ニ付御商売之方被差留候儀至而大切成御事之様ニ奉存候乍然此御用一事之内ニも急度相詰り両国之存亡事済候儀ニ候ハヽ御送使迄も御止被成可被仰掛儀与奉存候若左も無之候ハヽ此御用幾年御懸り可被成も難相知御事ニ御座候両国申募若及二三年候か又ハ

一 瀧の意見(十三)

この度の御用に付き、御商売(貿易)の方が差し止めになる事は、至って重大な事であると考えます。然し乍ら、この[竹嶋一件の]御用は[おそらく]一両年の内には必ず終了してしまうもので[ございましょう。だが貿易の停止は何年にも亘り続き、それは]両国の存亡に関わる事でございます。それゆえ(貿易を担当する)御送使までも御止めに成り[あちらへ]申し掛けるような事は[決してなさってはなりません。] もしも、この[貿易停止のような歯止めになる]ような事が無ければ、この[竹嶋の]御用は幾年掛かるか分からないほどの難しい交渉でございます。両国が[互いに]申し募り、もし[紛糾のまま]二、三年に及べば、さらに又

1. 로우의 의견(13)

이번 용건에 대해, 상매(무역) 쪽이 금지되게 되는 것은 참으로 중대한 일이라고 생각합니다. 그러나 이 [죽도일건의] 용무는 [아마도] 1, 2년 안에는 반드시 종료되고 마는 일[이겠지요. 그러나 무역의 정지는 몇 년이고 지속되어, 그것은] 양국의 존망에 관계되는 일입니다. 그렇기 때문에 (무역을 담당하는) 송사까지도 금지할 것을 [저쪽에] 요구하는 것과 같은 일은 [결코 하셔서는 안 됩니다.] 혹시라도 이 [교역 정지와 같은 일을 막는 장치가 되는] 것과 같은 일이 없으면, 이 [죽도의] 용건은 몇 년 걸릴지 알 수 없을 정도로 어려운 교섭입니다. 양국이 [서로] 다투어 만일 [분규 상태로] 2, 3년이 지나면 다시 또

候ハゝ少々座候ハ此方ニ而ハ態々少々留置可申候座
候ハゝ其存候ハ右相止り候而以書付一通差出し
支ニ而ハ彼竟ニ而定是ニ而彼方令点一の仕様も
難成様ニ存候ハ
及大事ニ申通却而彼方ゟ如何
可有之哉此方ニ而ハ其品難成候故大切

及大事両国騒動之体ニ罷成候ハヽ如何可被遊候哉其節ニ罷成候程御物入ハ大分之儀ニ御座候此段乍恐能々御了簡可有御座儀ニ奉存候尤相止り候了簡も一理有之事ニ候得共必定是ニ而彼方合点可仕儀共難決様奉存候

[武を以て解決を図るような]大事に及べば[一体どうなる事でございましょうか。]両国が[国を挙げて]騒動の体制に入ったならば[両国を斡旋する対馬の立場は壊滅です。そのような時、我々は]どのように行動すべきでしょうか。その節に[なって、始めて]事を収めようとすれば、それに必要な物入り(経費)は、大変な額となってきます。この事も、恐れ乍ら[予め]よくよく御検討し、御考慮なさって置くべき事でございます。尤も[急ぎ解決を図ろうとして、貿易を一旦]停止するような考えも[交渉の選択肢として]一理ある事ではありますが、これによって必ず、あちらは合点なさると、そのような事は決め難い事でございます。

[무력으로 해결하려고 하는 것과 같은] 큰일이 되고 말면 [도대체 어떻게 되는 일일까요.] 양국이 [거국적으로] 소동의 체제로 들어가면 [양국을 알선하는 쓰시마의 입장은 괴멸입니다. 그러할 때 우리들은] 어떻게 행동해야 할까요. 그때가 [되어 비로소] 일을 수습하려고 하면, 그것에 필요한 경비는 엄청난 액수가 됩니다. 이 일도 조심스럽게 [미리] 잘 검토하여 고려해 두셔야 하는 일입니다. 원래 [서둘러 해결하려고 해서 무역을 일단] 정지하는 것과 같은 생각도 [교섭의 선택지로서] 일리 있는 일입니다만, 이것으로 반드시 저쪽이 납득하신다고 그와 같은 일은 정하기 어려운 일입니다.

此節当年参勤ニて候得共猶相知不申事ニ
御座候ゆへ左申候ハヽ難申達候得ハ此節ハ
一件ハ　公儀之儀も被仰出候儀ニ御座候
御座候其上御返答之段及延引候ては不宜
御座候て宜御座候と申候而朝鮮之
指図不仕候此一件　公儀ニ而御相談之延引ニ
而候得ハ相違無之候得ハ不届ニ相聞候
存候旨　公儀ニ御年寄中へ可申達候

此御用幾年御懸可被成も難相知御事ニ御座候与被申候段難心得儀与存候此度之一件ハ　公命之趣を被仰懸たる儀ニ御座候故其御返答段々及延引候而者御職分之御首尾宜かる間敷哉与奉存候朝鮮之推察ニハ此一件　公儀之御本意ニ而候ハヽ返簡之御催促可有御座候所左様之様子相見江不申候間　公儀之御本意者無別条ニ而御座

私の意見

この[竹嶋一件の]御用は、幾年ほども御懸りに成るか分からない事であると、そのように申された事は、心得難い事でございます。この度の一件は、公命の趣旨で[こちらに]仰せ懸けられた事でございます。それゆえその御返答が、色々と延引に及んでは、御職分としての御首尾として、宜しくない事と思います。朝鮮の推察では、この一件は公儀の御本意[では無いと見ており、もし公儀の御本意]であれば、返翰の御催促が有る筈だと思っています。そのような所に、そのような様子が見えないので、公儀の御本意は別条の無いものと、

나의 의견

이 [죽도일건의] 용무는 몇 년이 걸릴지도 모르는 일이라고, 그렇게 말씀하신 것은 이해하기 어려운 일입니다. 이번의 일건은 공명의 취지로 [이쪽에] 명령하신 일입니다. 그렇기 때문에 그 반답이 여러 가지로 연기되게 된 것은, 직분으로서의 상황이 좋지 않은 일이라고 생각합니다. 조선의 추찰로는, 이 일건은 장군의 본의[가 아니라고 보고 있어, 만일 장군의 본의]라면 반한의 최촉이 있기 마련이라고 생각하고 있습니다. 그러한 상황인데 그와 같은 상황이 보이지 않기 때문에 장군의 본의는 변함이 없는 것이라고,

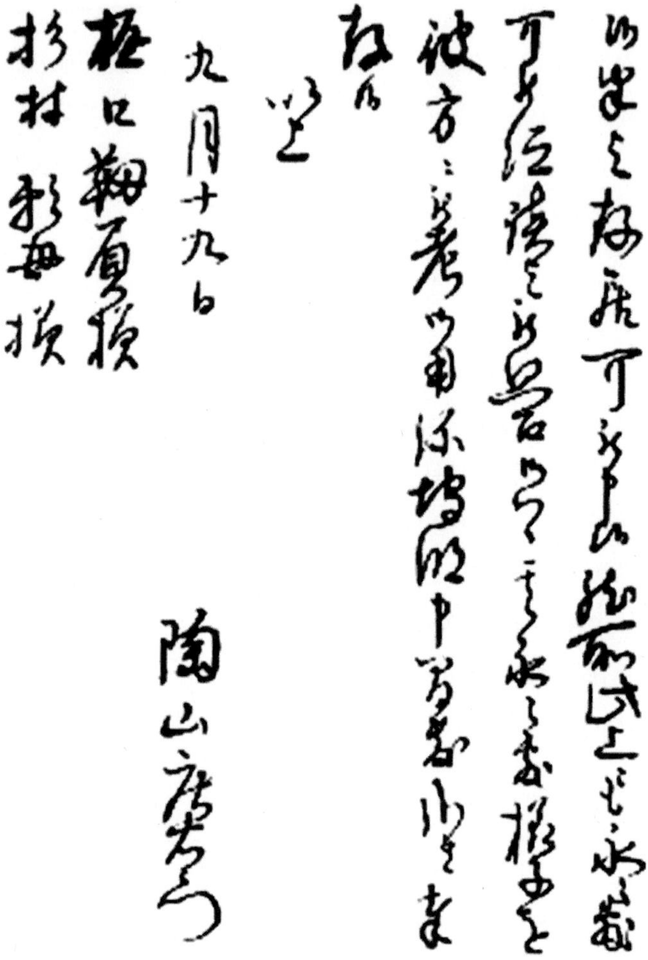
[illegible]

九月十九日

陶山庄右衛門

樋口孫左衛門様

杉村采女様

候半与存居可被申候然所此上ニも永々敷可被仰談与被思召候ハヽ其永々敷様子を彼方ニ被考御用弥埒明申間敷哉与奉存候　以上

九月十九日　　　　　　　陶山庄右衛門

樋口靭負様

杉村頼母様

そのように半ば思っておられる事と思います。そのような所に、この上にも永々しく[こちらで評定をし、遅延きわまりない]申し入れで[あちらに]相談をしようとお考えになるのであれば、その永々しい様子を[さらに]あちらはお考えになられ[公儀の御命令では無いと、いよいよ]御判断なさることでありましょう。そして御用は、いよいよ埒の明かない様相になって行く事でございます。そのように私は考えます。以上でございます。

九月十九日　　　　　　　陶山庄右衛門

樋口靭負様

杉村頼母様

그렇게 생각하고 있다고 생각합니다. 그런데 이후에도 오랫동안 [이쪽에서 평결하느라고 한없이 지연시킨 다음에] 요구하여 [저쪽과] 상담하려고 생각하는 것이라면, 그 지루한 상황을 보고 [더욱] 이상하게 생각하고 [장군의 명령이 아니라고, 결국] 판단하게 되시겠지요. 그리고 용무는 결국 해결되지 않은 상황으로 되어 가겠지요. 그렇게 나는 생각합니다. 이상입니다.

9월 19일　　　　　　　　스야마 쇼우에몬

히구치 유키에 사마

스기무라 타노모 사마

《해설》

註1、これは元禄六年九月、近習役の加納幸之助を通じて天竜院公が危惧を漏らした事を指す。公儀は以前、竹嶋を朝鮮領と思っていたが、今は違うようで、そのことを確認しなければならないと、そのような意見を、この時、述べていた(09-02)。だがその確認を対馬藩は怠った。そのことを、ここで触れている。

이것은 겐로쿠 6년 9월에 킨쥬역 카노우 코우노스케를 통하여 텐류우인 공이 위구를 누설한 일을 가리킨다. 장군은 이전에 죽도를 조선령이라고 생각하고 있었으나 지금은 다른 것 같아, 그 일을 확인하지 않으면 안 된다고, 그러한 의견을 이때 말하고 있었다(09-02). 그러나 그 확인을 쓰시마한은 하지 않았다. 그것을 여기서 언급하고 있다.

註2、宗義真は交渉の首尾一貫性からすれば、なお強硬路線で進みたいと思っている。だがそのような交渉では埒が明かないと、もはや感じ取っている。だがこれまで強硬論を唱え、老臣たちを動かしていたから、なかなか公儀へ御伺い立て、路線変更するとは切り出せなかった。そのような事情を勘案し、家臣の側から提案があり、藩論の形で主君に申し上げる形を取ってはと誘導したのである。

소우 요시자네는 교섭의 수미일관성으로 본다면, 계속 강경노선으로 나가고 싶다고 생각하고 있다. 그러나 그러한 교섭으로는 해결되지 않는다고 느끼고 있다. 그러나 지금까지 강경노선을 주창하며 노신들을 움직이고 있었으므로, 좀처럼 장군에게 물어서 노선을 변경한다고는 말하지 못하였다. 그러한 사정을 감안하여 가신 측에서 제안하여, 한의 론으로 하는 형식으로 주군에게 아뢰는 형태를 취하면 어떨까 라고 유도한 것이다.

註３、外交交渉を強硬策で行くのか、妥協を含んだ融和策で行くのか、それを迫ったものである。

외교 교섭을 강경책으로 갈 것인가 타협을 포함하는 융화책으로 갈 것인가, 그것을 논한 것이다.

註４、確かにこの通り、島に探索使が派遣された。張漢相を頭とする渡海の一行である。

분명히 이대로 섬에 탐색리가 파견되었다. 장한상을 책임자로 하는 도해의 일행이다.

註５、宗義真が目論んでいた第三次使節は、このような威令を以ての派遣であった。すなわち武威を以ての交渉である。宗義真の意見は、この滝六郎右衛門の意見そのものである。それと意見を異にする杉村采女は、それゆえ「六郎右衛門が思う通りに交渉を調えようと御隠居様がお考えになられるのであれば」あるいは「御隠居様の御心に叶った正官人を朝鮮へ差し渡され」ればと、そのような意見を36-06の口上之覚で述べている。

소우 요시자네가 생각하고 있었던 제3차 사절은 이와 같은 위령을 가진 파견이었다. 즉 무위를 가지고 하는 교섭이었다. 소우 요시자네의 의견은, 이 로우 로쿠로우에몬의 의견 그것이었다. 그것과 의견을 달리하는 스기무라 우네메는, 그렇기 때문에 「로쿠로우에몬이 생각하는 대로 교섭을 조정하려고 은거하신 분이 생각하시는 것이라면」 또는 「은거하신 분의 생각에 맞는 정관인을 조선에 건너보내면」이라고, 그와 같은 의견을 36-06의 구상지각에서 말하고 있다.

註6、元禄八年五月二十三日、陶山庄右衛門と高勢八右衛門は訓導の韓僉知と共に文案を練り「文句増減の書付(34-08)」を記し、それを東莱府使に渡している。これは大差使たる多田与左衛門の了承するところであった。御返翰の草案とは、これを指す。

겐로쿠 8년 5월 23일에 스야마 쇼우에몬과 타카세 하치에몬은 훈도 한첨지와 같이 문안을 고쳐 「문구 증감의 서부(34-08)」를 기록하여, 그것을 동래부사에게 건넸다. 이것은 대차사인 타다 요자에몬이 이해하는 일이었다. 반한의 초안이란 이것을 가리킨다.

색인

(ㅎ)

(기타)

권오엽

忠南大學校 人文大學 명예교수
1945년 全北 井邑 출생

群山高等學校, 서울教育大學, 國際大學, 北海道大學,
東京大學 學術博士(「廣開土王碑文과 東아시아의 天下思想」)

일본의 가요, 한일건국신화, 광개토왕비문에 관한 논문 다수

『日本漫想』, 『廣開土王碑文의 世界』, 『隱州視聽合紀』, 『元綠覺書』, 『독도와 안용복』, 『控帳』, 『古事記』(上·中·下), 『好太王碑論爭의 解明』, 『廣開土王碑文의 研究』, 『獨島』, 『獨島와 竹島』, 『古事記와 日本書紀』, 『日本의 獨島論理』, 『일본은 독도를 이렇게 말한다』, 『岡嶋正義古文書』, 『竹島渡海由來記拔書控』(상·하), 『죽도 및 울릉도』, 『竹島紀事』(1-1, 1-3), 『竹島紀事』(2-1, 2-3)

메일: dongsana@hanmail.net

오오니시 토시테루

1946年 島根縣隱岐郡西鄕町(現 隱岐의 島町) 生
島根縣立隱岐高等學校, 大阪大學醫學部, 腦神經外科專門醫, 醫學博士
大阪國學院 通信教育部 卒業, 神職資格(權正階),
大阪市立大學大學院大學 都市情報部 卒業
現) (醫) 厚生醫學會理事長
(社福) 厚生博愛會理事長
隱岐國 原田向山 大山神社 宮司

『레이저 醫學의 臨床』, 『Illustrated Laser Surgery』, 『山陰沖의 古代史』, 『山陰沖의 幕末維新動亂』, 『人肉食의 精神史』, 『柿本人麻呂와 아들 躬都郎』, 『隱岐는 繪島, 歌島』, 『日本海와 竹島』, 『心의 誕生』, 『水若酢神社』, 『續日本海와 竹島』, 『隱州視聽合紀』, 『元祿覺書』, 『竹島文談』, 『竹島渡海由來記拔書控』, 『竹島紀事』(1-1, 1-2, 1-3), 『竹島紀事』(2-1, 2-2, 2-3)

竹島紀事

죽도기사 3-1

초판인쇄 | 2012년 7월 25일
초판발행 | 2012년 7월 25일

편 역 주 | 권오엽 · 오오니시 토시테루
펴 낸 이 | 채종준
펴 낸 곳 | 한국학술정보㈜
주 소 | 경기도 파주시 문발동 파주출판문화정보산업단지 513-5
전 화 | 031) 908-3181(대표)
팩 스 | 031) 908-3189
홈페이지 | http://ebook.kstudy.com
E-mail | 출판사업부 publish@kstudy.com
등 록 | 제일산-115호(2000. 6. 19)

ISBN 978-89-268-3434-3 94380 (Paper Book)
978-89-268-3435-0 95380 (e-Book)
978-89-268-2138-1 94380 (Paper Book Set)
978-89-268-2139-8 95380 (e-Book Set)

내일을여는지식 은 시대와 시대의 지식을 이어 갑니다.